智能制造应用型人才培养系列教程

工业机器人技术

U0262378

工业机器人
系统编程

FANUC机器人

韩亚军 朱开波 张晓娟 ◎ 主编

丘柳东 岳海胜 郑益 ◎ 副主编

人民邮电出版社

北京

图书在版编目（ＣＩＰ）数据

工业机器人系统编程：FANUC机器人 / 韩亚军，朱
开波，张晓娟主编. -- 北京：人民邮电出版社，2021.7
智能制造应用型人才培养系列教程. 工业机器人技术
ISBN 978-7-115-55454-3

Ⅰ. ①工… Ⅱ. ①韩… ②朱… ③张… Ⅲ. ①工业机
器人－程序设计－教材 Ⅳ. ①TP242.2

中国版本图书馆CIP数据核字(2020)第237123号

内 容 提 要

本书从 FANUC 工业机器人应用过程中需掌握的技能出发，由浅入深、循序渐进地介绍了 FANUC 工业机器人操作编程的相关知识。全书共 7 章，内容包括工业机器人、坐标系设置、程序、指令、通信信号、文件备份和加载、零点复归等。同时，为让读者能够及时地检查自己的学习效果，掌握自己的课程学习进度，每章后均设置了丰富的练习题，并在书后附有各章练习题的参考答案。

本书图文并茂，通俗易懂，具有较强的实用性和可操作性，既可作为高校工业机器人技术及相关专业的教材，又可作为工业机器人培训机构用书，还可供相关行业的技术人员阅读参考。

◆ 主　　编　韩亚军　朱开波　张晓娟
　　副 主 编　丘柳东　岳海胜　郑　益
　　责任编辑　刘晓东
　　责任印制　王　郁　彭志环

◆ 人民邮电出版社出版发行　　北京市丰台区成寿寺路 11 号
　　邮编　100164　　电子邮件　315@ptpress.com.cn
　　网址　https://www.ptpress.com.cn
　　保定市中画美凯印刷有限公司印刷

◆ 开本：787×1092　1/16
　　印张：11.25　　　　　　　　2021 年 7 月第 1 版
　　字数：210 千字　　　　　　2021 年 7 月河北第 1 次印刷

定价：42.00 元

读者服务热线：(010)81055256　印装质量热线：(010)81055316
反盗版热线：(010)81055315
广告经营许可证：京东市监广登字 20170147 号

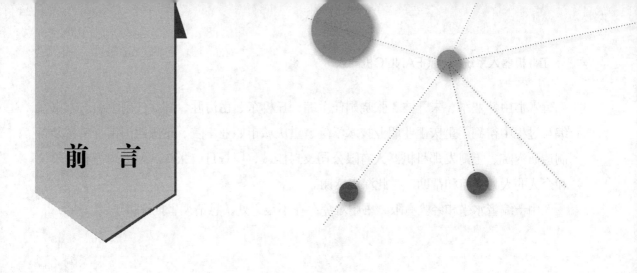

前 言

随着科技的发展，工业机器人将成为继汽车、计算机之后新兴的技术产业。机遇与挑战并存，制造业从业者们必须提早意识到时代的大变革，从传统模式中走出来，率先成为工业机器人的"操控者"，才能不被时代淘汰。学习工业机器人技术，是率先成为工业机器人"操控者"的必备法宝。工业机器人是面向工业领域的多关节机械手或多自由度的机器装置，能自动执行工作，是通过自身动力和程序控制来实现各种功能的一种机器。

FANUC工业机器人是目前全球市场占有率较高的工业机器人之一。本书以FANUC工业机器人为对象，着重讲解了工业机器人系统编程相关基础知识和基本技能。全书共分为7章，系统地论述了FANUC工业机器人系统组成、工具坐标系和用户坐标系设置方法，对编程中的基本操作、坐标系设置、程序管理、指令运用、通信信号、文件备份和加载、零点复归的基本方法进行了详细介绍，并在附录中介绍了工业机器人在编程及使用过程中的注意事项。

本书参考学时为48～64学时，建议采用理论实践一体化教学模式，各章的参考学时见下面的学时分配表。

学时分配表

章　序	课程内容	参考学时
第1章	工业机器人	2 ～ 4
第2章	坐标系设置	8 ～ 10
第3章	程　序	8 ～ 10
第4章	指　令	8 ～ 10
第5章	通信信号	8 ～ 10
第6章	文件备份和加载	8 ～ 10
第7章	零点复归	6 ～ 10
总计		48 ～ 64

本书由韩亚军、朱开波、张晓娟任主编，丘柳东、岳海胜、郑益任副主编。本书在编写过程中得到了重庆工业职业技术学院、重庆城市职业学院、重庆西门雷森精密装备制造研究院、上海发那科机器人有限公司及封佳诚、罗丹丹、张辉、何挺忠等有关单位和个人的大力支持和帮助，在此深表感谢。

由于编者水平和经验有限，书中难免存在不足之处，恳请读者批评指正。

编　者
2021年2月

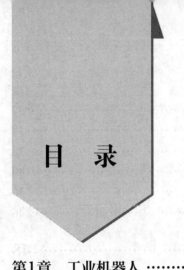
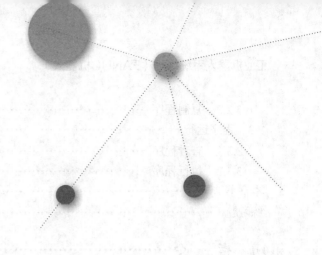

目　录

第1章 工业机器人

本章简要介绍六轴工业机器人的系统组成，重点讲解FANUC工业机器人示教器的功能和使用方法。学生需掌握FANUC工业机器人通电、关电的基本操作方式，学会利用工业机器人示教器（Teach Pendant，TP）点动工业机器人，为工业机器人系统编程操作打下良好基础。

1.1 六轴工业机器人简介

六轴工业机器人是一种可以仿人操作、自动控制、可重复编程并能在三维空间完成各种作业的机电一体化生产设备。它一般由机械本体（机械手）、驱动系统和控制系统三个部分组成，多数六轴工业机器人系统配备了示教器。下面主要介绍机械本体、控制系统和示教器。

1.1.1 工业机器人本体

工业机器人本体是指工业机器人机械主体，如图1-1所示，主要用来完成各种动作的执行机构，其主要由基座、伺服电机、机械臂、连接法兰、内置传动单元（减速器）等部分组成。工业机器人本体最后一个轴的机械接口通常为连接法兰，可接装不同的机械操作装置，如快换接头、夹爪、吸盘、焊枪等工具。

1.1.2 工业机器人控制系统

工业机器人控制系统——控制柜是控制工业机器人各轴运动的核心机构，控制柜面板上有急停按钮、运行模式钥匙开关、运行键、电源开关等，还可以通过附加外部轴，配合工业机器人手臂动作和机械手达到联合运动

1—基座；2—伺服电机；3—机械臂；
4—连接法兰；5—内置传动单元（减速器）

图1-1 工业机器人本体

1

的目的。控制柜中的控制器是工业机器人的大脑，它作为一台计算机工作，并允许工业机器人也连接到其他系统，可以与工业机器人的部件一起操作，它根据工业机器人的作业指令程序以及从传感器反馈回来的信号支配工业机器人的执行机构去完成规定的运动和功能。工业机器人控制系统是工业机器人的重要组成部分，用于控制操作机，以完成特定的工作任务，其基本功能如下。

（1）记忆功能。存储作业顺序、运动路径、运动方式、运动速度和与生产工艺有关的信息。

（2）示教功能。可进行离线编程、在线示教和间接示教。在线示教包括示教器示教和导引示教两种。

（3）与外围设备联系功能。设有输入和输出接口、通信接口、网络接口和同步接口。

（4）坐标设置功能。设有关节、绝对、工具和用户自定义四种坐标系。

（5）人机接口。包括示教器、操作面板和显示屏。

（6）传感器接口。可配置位置检测、视觉、触觉、听觉等。

（7）位置伺服功能。可进行工业机器人多轴联动、运动控制、速度和加速度控制、动态补偿等。

（8）故障诊断安全保护功能。可在系统状态运行时监视，在故障状态下进行安全保护和故障自诊断。

1.1.3　工业机器人示教器

工业机器人示教器是一个人机交互手持装置，如图1-2所示。通过"示教器"或人"手把手"两种方式示教机械手如何动作，控制器将示教过程记录下来，然后机械手就按照记忆周而复始地重复示教动作，通过工业机器人示教器可进行工业机器人的手动操纵、程序编写、参数配置以及监控等各项工作。

1—液晶屏；2—紧急停止按钮；3—ON/OFF 开关；4—TP 操作键

图1-2　工业机器人示教器

工业机器人示教器常用功能如下。

（1）移动工业机器人。

（2）编写工业机器人程序。

（3）试运行程序。

（4）生产运行。

（5）查看工业机器人状态（I/O设置、位置信息等）。

（6）手动运行工业机器人。

当示教器ON/OFF开关为"ON"时，示教器（TP）有效；当ON/OFF开关为"OFF"时，示教器（TP）无效。示教器（TP）无效时，工业机器人示教、编程、手动运行都不能被使用。示教器（TP）有效时，只有图1-3中显示的示教器【DEADMAN】开关被按到适中位置，工业机器人才能运动，一旦松开或按紧，工业机器人将立即停止运动，并出现报警。

图1-3　示教器【DEADMAN】开关

按下示教器紧急停止按钮，工业机器人立即停止运动。

1. 示教器指示灯

示教器在使用过程中，状态指示灯处于显示点亮状态，如图1-4所示。

示教器指示灯点亮含义如下。

（1）处理中（Busy）。表示工业机器人控制柜在处理信息。

（2）单步（Step）。表示工业机器人正处于单步模式。

（3）暂停（Hold）。表示工业机器人正处于暂停状态。

（4）异常（Fault）。表示工业机器人有故障发生。

（5）执行（Run）。表示工业机器人正在执行程序。

（6）I/O、运转、试运行。表示工业机器人功能根据应用程序而定。

图1-4 示教器状态指示灯

2. 示教器功能按键

示教器操作键功能键分布如图1-5所示。

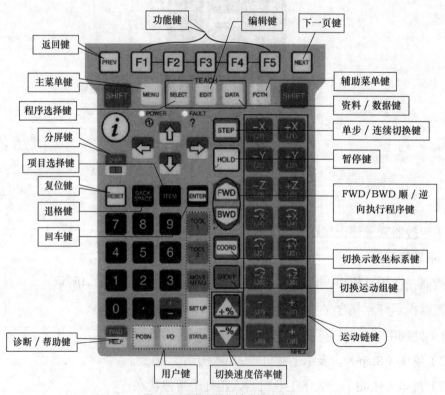

图1-5 示教器操作键功能键分布

示教器功能键功能介绍见表1-1。

表 1-1　示教器功能键功能介绍

按键	描述
F1 F2 F3 F4 F5	F1 ~ F5 用于选择 TP 屏幕上显示的内容，每个功能键在当前屏幕上有唯一的内容对应
NEXT	功能键下一页切换
MENUS	显示屏幕菜单
SELECT	显示程序选择界面
EDIT	显示程序编辑界面
DATA	显示程序资料 / 数据界面
FCTN	显示辅助菜单
DISP	只存在于彩屏示教器。与 SHIFT 组合可显示 DISPLAY 界面，此界面可改变显示窗口数量；单独使用可切换当前显示窗口
FWD	与 SHIFT 键组合使用可从前往后执行程序，程序执行过程中 SHIFT 键松开程序暂停
BWD	与 SHIFT 键组合使用可反向单步执行程序，程序执行过程中 SHIFT 键松开程序暂停
STEP	在单步执行和连续执行之间切换
HOLD	暂停工业机器人运动
PREV	显示上一页屏幕
RESET	消除告警
BACK SPACE	清除光标之前的字符或者数字
ITEM	快速移动光标至指定行
ENTER	确认键

按键	描述
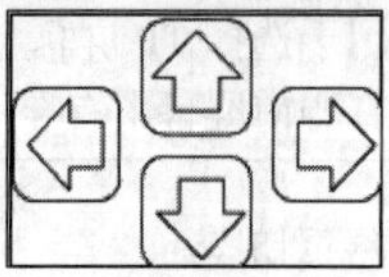	光标键
	单独使用显示帮助界面，与 SHIFT 键组合使用显示诊断界面
	运动组切换
	电源指示灯
	报警指示灯
	用于点动工业机器人，记录位置，执行程序，左右两个按键功能一致
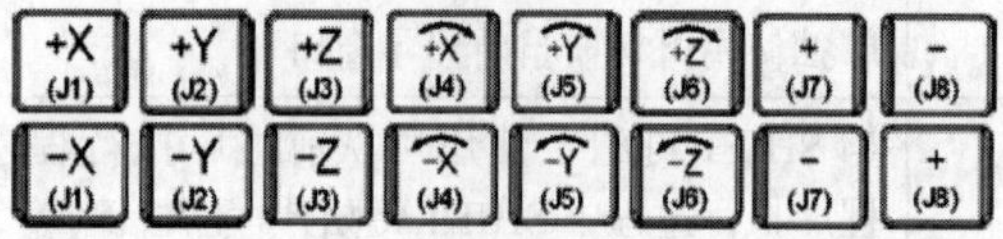	与 SHIFT 键组合使用可点动工业机器人，J7、J8 键用于同一群组内的附加轴的点动进给
	单独使用可选择点动坐标系，每按一次此键，当前坐标系依次显示 JOINT、JGFRM、WORLD、TOOL、USER；与 SHIFT 键组合使用可改变当前 TOOL、JOG、USER 坐标系号
	速度倍率加减键
	与 MENU/DATA/EDIT/POSN/FCTN/DISP 等按钮同时按下，可显示相应的图标界面

工业机器人运动速度倍率设置可以通过【-%】、【+%】和【SHIFT】按键完成，速度倍率设置键如图1-6所示。具体设置方法如下。

（1）速度倍率设置方法一。

① 按示教器【+%】键时。

a. VFINE→FINE→1%...→5%...→100%。

b. 1%～5%，每按一下，增加1%。

c. 5%～100%，每按一下，增加5%。

② 按示教器【-%】键时。

a. 100%...→5%...→1%→FINE →VFINE。

b. 5%～1%，每按一下，减少1%。

c. 100%～5%，每按　下，减少5%。

（2）速度倍率设置方法二。

① 按示教器（TP）【SHIFT】+【+%】键时。

a. VFINE→FINE→5%→25%→50%→100%。

b. VFINE到5%之间，经过两次递增。

c. 5%～100%，经过两次递增。

② 按示教器（TP）【SHIFT】+【-%】键时。

a. 100%→50%→（25%）→5%→FINE→VFINE。

b. 5%到VFINE之间，经过两次递减。

c. 100%～5%，经过两次递减。

图1-6　速度倍率设置键

3. 示教器屏幕菜单

示教器屏幕全界面简易菜单（【QUICK MENUS】）分为两部分，如图1-7所示，屏幕全界面简易菜单功能见表1-2。

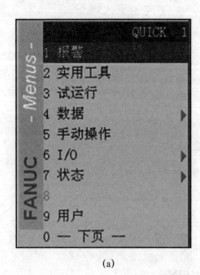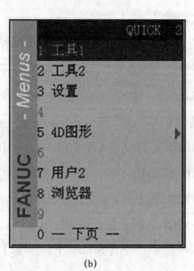

(a)   (b)

图1-7　屏幕全界面简易菜单

表 1-2　屏幕全界面简易菜单功能

名称	功能
实用工具（UTILITIES）	显示提示
试运行（TEST CYCLE）	测试操作指定数据
手动操作（MANUAL FCTNS）	执行宏指令
报警（ALARM）	显示报警历史和详细信息
设定输入、输出信号（I/O）	显示信号状态和手动分配信号
设置（SETUP）	设置系统功能
工具 1/ 工具 2	用户自定义
用户（USER）	显示用户信息
数据（DATA）	显示寄存器、位置寄存器和堆码寄存器的值
状态（STATUS）	显示系统状态
4D 图形（4D GRAPHICS）	显示工业机器人当前的位置及 4D 图形
用户 2（USER2）	显示 KAREL 程序输出信息
浏览器（BROWSER）	浏览网页，只对 +Pendant 有效

　　示教器辅助菜单（【FUNCTION】）分为两个部分，如图1-8所示，辅助菜单（【FUNCTION】）功能描述表见表1-3。

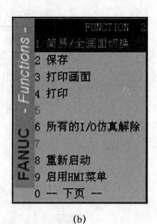

(a)　　　　　　　　　　　(b)

图1-8　辅助菜单

表 1-3　辅助菜单功能描述表

名称	功能
中止程序（ABORT ALL）	强制中断正在执行或暂停的程序
禁止前进后退（DISABLE FWD/BWD）	手动执行程序时，选择 FWD、BWD 按键功能是否有效
解除等待（RELEASE WAIT）	跳过正在执行的等待语句。当等待语句被释放时，执行中的程序立即被暂停在下一个语句处等待
简易 / 全界面切换（QUICK/FULL MENUS）	在简易菜单和完整菜单之间选择
保存（SAVE）	保存当前屏幕中相关的数据到软盘或存储卡中
打印界面（PRINT SCREEN）	原样打印当前屏幕的显示内容
打印（PRINT）	用于程序，系统变量的打印
所有的 I/O 仿真解除（UNSIM ALL I/O）	取消所有 I/O 信号的仿真设置
重新启动（CYCLE POWER）	重新启动控制柜（POWER ON/OFF）
启用 HMI 菜单（ENABLE HMI MENUS）	当按住 MENUS 键时，用来选择是否需要显示 HMI 菜单

1.2　工业机器人通/关电

1.2.1　工业机器人通电

接通工业机器人电源前，仔细检查工作区域内工业机器人、控制柜等所有的安全设备是否正常。检查确认无异常后，将控制柜面板上的断路器置于"ON"挡，工业机器人控制柜断路器如图1-9所示。若为FANUC R-J3+B控制柜，操作时需按下操作面板上的启动按钮。

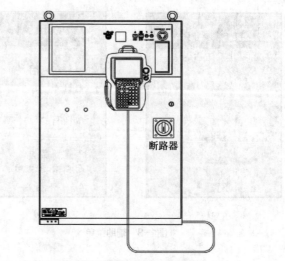

图1-9 工业机器人控制柜断路器

1.2.2 工业机器人关电

工业机器人关电前，首先通过示教器或操作面板上的暂停或急停按钮停止工业机器人运行，然后将操作面板上的断路器置于"OFF"挡。若为FANUC R-J3+B控制柜，应先关掉操作面板上的启动按钮，再将断路器置于"OFF"挡。

注意：如果有如打印机、软盘驱动器、视觉系统等外部设备与工业机器人相连，在关电前，应首先将这些外部设备关掉，以免断电造成设备损坏。

1.2.3 工业机器人点动

当需要点动工业机器人时，工业机器人控制柜上的模式开关（MODE SWITCH）置为"T1/T2"挡，示教器ON/OFF开关置为"ON"挡，按住示教器任意一个【DEADMAN】开关，选择所需要的工业机器人示教坐标，按下复位（【RESET】）报警按钮，按住任意一个【SHIFT】键，同时按住所要进行的运动键，即可点动工业机器人，点动操作工业机器人条件如图1-10所示。

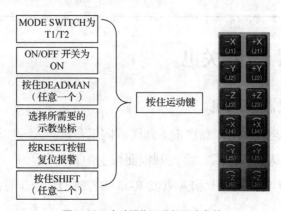

图1-10 点动操作工业机器人条件

本 章 小 结

本章简要介绍了工业机器人工作系统的一般组成，详细介绍了工业机器人示教器的功能及使用方法，重点讲述了工业机器人开、关电源的操作和注意事项，简要学习了如何点动工业机器人，为下一步工业机器人系统编程及工业机器人操控打下了基础。

练 习 题

一、填空题

（1）工业机器人是一种可以仿人操作、自动控制、可重复编程并能在三维空间完成各种作业的机电一体化生产设备，一般由_____、_____和_____三个基本部分组成。

（2）工业机器人示教器是一个人机交互手持装置，通过示教器可进行工业机器人的_____、_____、_____以及监控等各项工作。

（3）当工业机器人处于暂停（HOLD）状态时，工业机器人示教器液晶屏幕上_____指示灯会亮起。

（4）工业机器人接通电源前，检查确认无异常后，将控制柜面板上的断路器置于_____挡。

（5）通过示教器或操作面板上的_____或_____按钮停止工业机器人运动。

二、简答题

（1）简述工业机器人示教器功能。

（2）简述如何点动工业机器人。

三、实践题

在实验室中进行工业机器人通电、关电操作，并点动工业机器人操作。

第2章
坐标系设置

工业机器人现场编程时，最常用的就是工业机器人的工具坐标系和用户坐标系。本章重点讲解FANUC工业机器人工具坐标系和用户坐标系，使学生熟练掌握工业机器人工具坐标系和用户坐标系设置和使用方法，为工业机器人系统编程操作打下良好的基础。

2.1 坐标系简介

工业机器人坐标系是为确定工业机器人的位置和姿态而在工业机器人或空间上进行定义的位置指标系统，常用的工业机器人坐标系可以分为关节坐标系和直角坐标系。直角坐标系包括基座坐标系、世界坐标系、工具坐标系、用户坐标系和工件坐标系，这五种直角坐标系均满足直角坐标系的右手定则。工业机器人直角坐标系如图2-1所示。

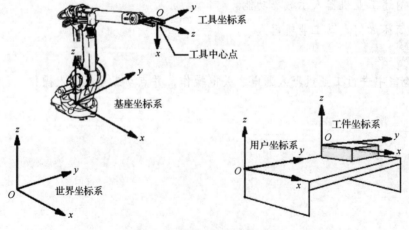

图2-1 工业机器人直角坐标系

从工业机器人应用领域可以看出，大多情况下工业机器人是机械臂末端携带工具（焊枪、夹爪、吸盘等）进行工作的，如在工作台上固定的点位加工、抓取、测量工件等。在工业机器人系统集成研究时，一般习惯性地选取静止的物体作为参考对象，选取运动物体作为研究对象。因此，以工具为研究对象，以工作台为参考对象，工业机器人应用中为表达工具和工作台的关系，引入工具坐标系和用户坐标系，工业机器人就建立了应用工具与工作台的联系，如图2-2所示。

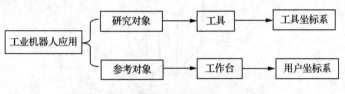

图2-2　工业机器人应用工具与工作台关系

工具坐标系主要用于定义工业机器人到达预设目标时所使用工具的位置。一般情况下，工具中心点设为工具坐标系零位，由此定义工具的位置和方向，当执行程序时，工业机器人就将工具中心点（Tool Center Point，TCP）移至编程位置。如果更改工具以及工具坐标系，工业机器人移动将随之更改，以便新的TCP到达目标（位置）。

用户坐标系主要用于定义工件相对于大地坐标系或者其他坐标系的位置，在工业机器人动作允许范围内的任意位置，表示持有其他坐标系的设备（如工件）时非常有用。默认的用户坐标系与世界坐标系重合，新的用户坐标系都是基于默认的用户坐标系变化得到的，新的用户坐标系的位置和姿态相对空间不变，方便操作者以工件平面方向为参考进行手动调试。当工件位置更改后，通过重新定义该坐标系，工业机器人即可正常作业，不需要对工业机器人的程序进行修改。

2.2　工具坐标系设置

工业机器人系统对其位置的描述和控制是以工业机器人的工具中心点（TCP）为基准的，运用工业机器人机械臂末端所装工具建立工具坐标系，可将工业机器人的控制点转移到工具末端，方便手动操纵和编程调试。

通常将工业机器人第六轴法兰盘中心定义为工具坐标系的原点，法兰盘中心指向法兰盘定位孔方向定义为x方向，垂直法兰向外为z方向，根据右手法则即可判定y方向。工业机器人默认工具坐标系如图2-3所示。默认工具中心点并不适用于应用中样式各异的工具，新工具坐标系可以通过默认工具坐标系变化得到。工具中心点（TCP）指的是变化后的工具中心点，通常所说的工业机器人轨迹及速度，其实就是指TCP的轨迹和速度。TCP一般设置在夹爪中心、焊丝端部、点焊静臂前端等。

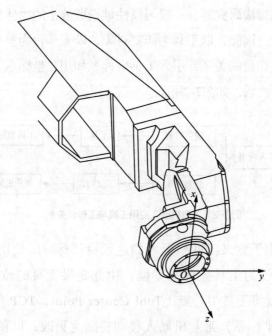

图2-3　工业机器人默认工具坐标系

新的工具坐标系是相对于默认的工具坐标系变化得到的，新的工具坐标系的位置和方向始终与法兰盘保持绝对的位置和姿态关系，但在空间上是一直变化的，如图2-4所示。

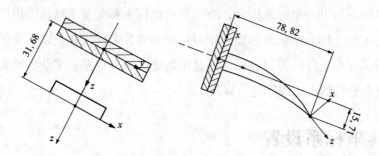

图2-4　新工具坐标系与默认坐标系位置关系

工业机器人在应用过程中建立工具坐标系主要有以下作用。

（1）确定工具的TCP，方便调整工具姿态。

（2）确定工具进给方向，方便工具位置调整。

在系统编程时，工具坐标系需要在编程前先行设定，如果未定义工具坐标系，系统将使用默认工具坐标系。一般一个工具对应一个工具坐标系，用户最多可以设置10个工具坐标系。

2.2.1　工具坐标系设置方法

在工业机器人现场编程中，FANUC工业机器人工具坐标系设置方法可分为三点法、六点法和直接输入法。

1. 三点法设置

三点法设置工具坐标系主要步骤如下。

（1）依次按菜单（【MENU】）—设置（【SETUP】）—类型（F1【TYPE】）—坐标系（【Frames】）键，进入坐标系设置界面，如图2-5所示。

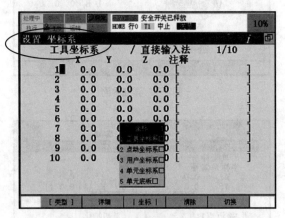

图2-5　坐标系设置界面

（2）按坐标（F3【OTHER】）键，选择工具坐标系（【Tool Frame】）选项，进入工具坐标系设置界面，如图2-6所示。

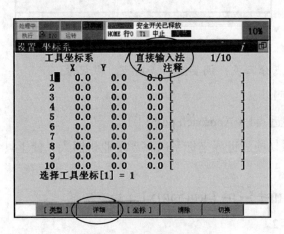

图2-6　工具坐标系设置界面

（3）移动光标到所需设置的工具坐标系编号处，按详细（F2【DETAIL】）键，进入详细界面，如图2-7所示。

（4）按方法（F2【METHOD】）键，移动光标，选择所用的设置方法——三点法（【Three Point】）选项，按回车（【ENTER】）键确认，进入三点法设置工具坐标系界面，如图2-8所示。

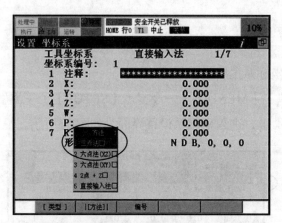

图2-7 详细界面

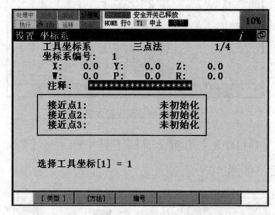

图2-8 三点法设置工具坐标系界面

注意：每个接近点分三步：调姿态、点对点、做记录。

（1）记录接近点1。

① 移动光标到接近点1（Approach point 1）。

② 把示教坐标系切换成世界坐标系后移动工业机器人，使工具尖端接触到基准点，如图2-9所示。

③ 按记录（【SHIFT】+F5【RECORD】）键，记录。

（2）记录接近点2。

① 沿世界坐标系+z方向移动工业机器人50 mm左右。

② 移动光标到接近点2（Approach point 2）。

③ 把示教坐标系切换成关节坐标系，旋转J6轴（法兰面）至少90°，不要超过180°。

④ 把示教坐标系切换成世界坐标系后移动工业机器人，使工具尖端接触到基准点，如图2-10所示。

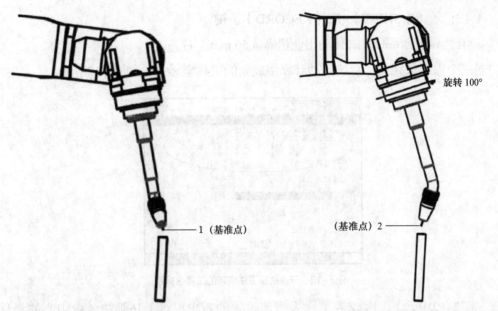

图2-9 三点法设置工具坐标系——记录接近点1   图2-10 三点法设置工具坐标系——记录接近点2

⑤ 按记录（【SHIFT】+F5【RECORD】）键，记录。

⑥ 沿世界坐标系+z方向移动工业机器人50 mm左右。

（3）记录接近点3。

① 移动光标到接近点3（Approach point 3）。

② 把示教坐标系切换成关节坐标系，旋转J4轴和J5轴，不要超过90°。

③ 把示教坐标系切换成世界坐标系，移动工业机器人，使工具尖端接触到基准点，如图2-11所示。

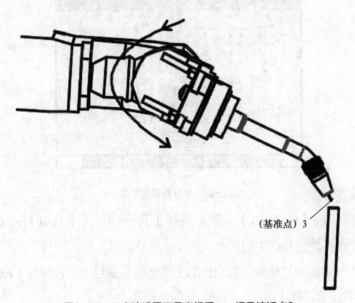

图2-11 三点法设置工具坐标系——记录接近点3

④ 按记录（【SHIFT】+F5【RECORD】）键，记录。

⑤ 沿世界坐标系+z方向移动工业机器人50 mm左右。

当三个点记录完成，系统自动计算生成新的工具坐标系，如图2-12所示。

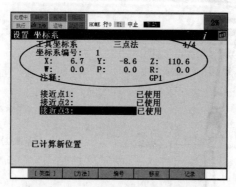

图2-12　三点法设置生成新的工具坐标系

在图2-12中，X、Y、Z数据代表当前设置的TCP相对于J6轴法兰盘中心的偏移量值，W、P、R的值为0，表明三点法只是平移了整个工具坐标系，并没有旋转和改变其方向。

2. 六点法设置

六点法设置工具坐标系主要步骤如下。

（1）依次按菜单（【MENU】）—设置（【SETUP】）—类型（F1【TYPE】）—坐标系（【Frames】）键，进入坐标系设置界面，如图2-13所示。

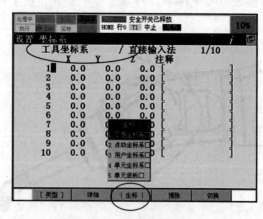

图2-13　坐标系设置界面

（2）按坐标（F3【OTHER】）键，选择工具坐标系（【Tool Frame】）选项，进入工具坐标系设置界面，如图2-14所示。

（3）在图2-14中移动光标到所需设置的工具坐标系编号上，按详细（F2【DETAIL】）键，进入设置界面，如图2-15所示，选择六点法选项。

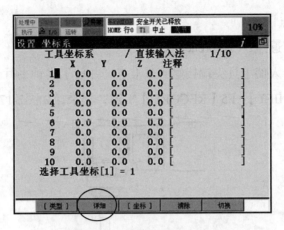

图2-14　工具坐标系设置界面

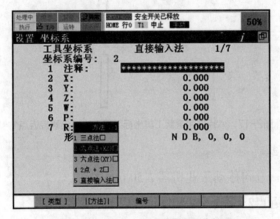

图2-15　选择六点法设置新工具坐标系

（4）按方法（F2【METHOD】）键，选择所用的设置方法——六点法（XZ）（【Six Point（XZ）】）选项，进入六点法设置新工具坐标系界面，如图2-16所示。

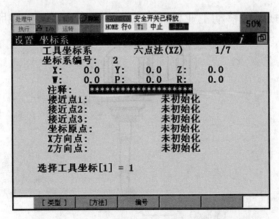

图2-16　六点法设置新工具坐标系界面

注意：记录工具坐标的x和z方向点时，可以通过将所要设定的工具坐标系的x轴和z轴平行于世界坐标系轴的方向，这样可以使操作简单化。

（1）记录接近点1。

① 移动光标到接近点1（Approach point 1）。

② 移动工业机器人使工具尖端接触到基准点，并使工具轴平行于世界坐标系轴。

③ 按记录（【SHIFT】+F5【RECORD】）键，记录，如图2-17所示。

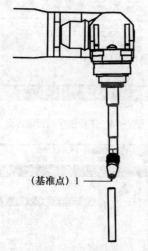

图2-17 六点法设置新工具坐标系界面——记录接近点1

（2）记录接近点2。

① 沿世界坐标系+z方向移动工业机器人50 mm左右。

② 移动光标到接近点2（Approach point 2）。

③ 把示教坐标系切换成关节坐标系，旋转J6轴（法兰面）至少90°，不要超过180°。

④ 把示教坐标系切换成世界坐标系后移动工业机器人，使工具尖端接触到基准点。

⑤ 按记录（【SHIFT】+F5【RECORD】）键，记录。

⑥ 沿世界坐标系+z方向移动工业机器人50 mm左右，如图2-18所示。

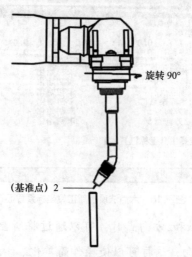

图2-18 六点法设置新工具坐标系界面——记录接近点2

（3）记录接近点3。

① 移动光标到接近点3（Approach point 3）。

② 把示教坐标系切换成关节坐标系，旋转J4轴和J5轴，不要超过90°。

③ 把示教坐标系切换成世界坐标系，移动工业机器人，使工具尖端接触到基准点。

④ 按记录（【SHIFT】+F5【RECORD】）键，记录。

⑤ 沿世界坐标系+z方向移动工业机器人50 mm左右，如图2-19所示。

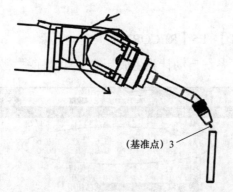

（基准点）3

图2-19　六点法设置新工具坐标系界面——记录接近点3

（4）记录坐标原点。

① 移动光标到接近点1（Approach point 1）。

② 按移至（【SHIFT】+F4【MOVE_TO】）键，使工业机器人回到接近点1。

③ 移动光标到坐标原点（Orient Origin Point）。

④ 按记录（【SHIFT】+F5【RECORD】）键，记录。

（5）定义+x方向点。

① 移动光标到x方向点（x Direction Point）。

② 把示教坐标系切换成世界坐标系。

③ 移动工业机器人，使工具沿所需要设定的+x方向至少移动250 mm。

④ 按记录（【SHIFT】+F5【RECORD】）键，记录，如图2-20所示。

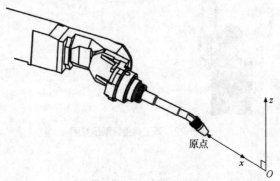

原点

图2-20　六点法设置新工具坐标系界面——定义+x方向

（6）定义+z方向点。

① 移动光标到坐标原点（Orient Origin Point）。

② 按移至（【SHIFT】+F4【MOVE_TO】）键，使工业机器人恢复到方向原点（Orient Origin Point）。

③ 移动光标到z方向点（z Direction Point）。

④ 移动工业机器人，使工具沿所需要设定+z方向（以世界坐标系方式）至少移动250 mm。

⑤ 按记录（【SHIFT】+F5【RECORD】）键，记录。

当六个点记录完成，系统自动计算生成新的工具坐标系，如图2-21所示。

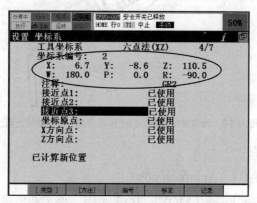

图2-21　六点法设置生成新的工具坐标系

在图2-21中，X、Y、Z中的数据代表当前设置的TCP相对于J6轴法兰盘中心的偏移量值，W、P、R中的数据代表当前设置的工具坐标系与默认工具坐标系的旋转量值，新工具坐标系示意图如图2-22所示。

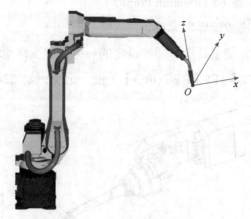

图2-22　新工具坐标系示意图

3. 直接输入法设置

直接输入法设置工具坐标系主要步骤如下。

（1）依次按菜单（MENU）—设置（【SETUP】）—类型（F1【TYPE】）—坐标系（【Frames】）键，进入坐标系设置界面，如图2-23所示。

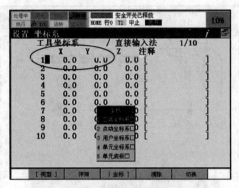

图2-23 坐标系设置界面

（2）按坐标（F3【OTHER】）键，选择工具坐标系（【Tool Frame】）选项，进入工具坐标系设置界面，如图2-24所示。

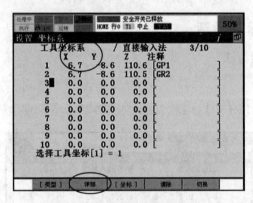

图2-24 工具坐标系设置界面

（3）在图2-24中，移动光标到所需设置的工具坐标系编号上，按详细（F2【DETAIL】）键，进入详细界面，如图2-25所示。

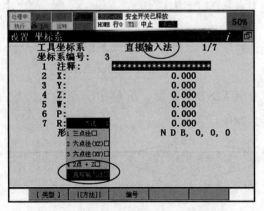

图2-25 工具坐标系直接输入法详细界面

（4）按方法（F2【METHOD】）键，如图2-25所示，移动光标，选择直接输入法（【Direct Entry】）选项，按回车（【ENTER】）键确认，如图2-26所示。

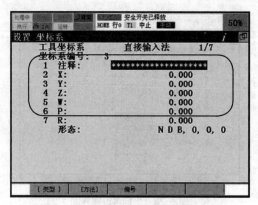

图2-26　工具坐标系直接输入法设置界面

（5）在图2-26所示界面中，移动光标到相应的选项，用数字键输入值，按回车（【ENTER】）键确认，重复本步骤，完成所有项输入。

2.2.2　工具坐标系激活

1. 工具坐标系激活方法一

其主要步骤如下。

（1）按前一页（【PREV】）键，回到如图2-27所示工具坐标系激活界面。

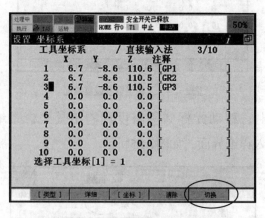

图2-27　工具坐标系激活界面

（2）按切换（F5【SETIND】）键，屏幕中出现输入坐标系编号（【Enter frame number】）选项，如图2-28所示。

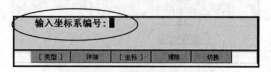

图2-28　输入坐标系编号

（3）用数字键输入所需激活的工具坐标系编号，按回车（【ENTER】）键确认，屏幕中将显示被激活的工具坐标系编号，即当前有效工具坐标系编号，如图2-29所示。

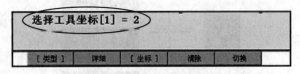

图2-29 当前有效坐标系编号

2. 工具坐标系激活方法二

其主要步骤如下。

（1）同时按示教器上（【SHIFT】+【COORD】）键，弹出选择激活工具坐标系窗口，如图2-30所示。

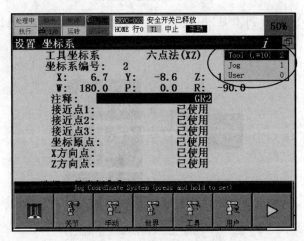

图2-30 选择激活工具坐标系

（2）把光标移到工具（Tool）行，用数字键输入所要激活的工具坐标系编号。

2.2.3 工具坐标系检验

工具坐标系检验具体步骤如下。

（1）检验x、y、z方向。将工业机器人的示教坐标系通过坐标系（【COORD】）键切换成工具坐标系，如图2-31所示。

图2-31 切换成工具坐标系

（2）示教工业机器人分别沿x、y、z方向运动，检查工具坐标系的方向设定是否符合要求，如图2-32所示。

（3）检验TCP位置。将工业机器人的示教坐标系通过坐标系（【COORD】）键切换成世界坐标系，如图2-33所示。

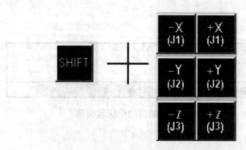

图2-32　示教工业机器人沿坐标轴运动

图2-33　切换世界坐标系

（4）移动工业机器人对准基准点，示教工业机器人绕x、y、z轴旋转，检查TCP的位置是否符合要求，如图2-34所示。

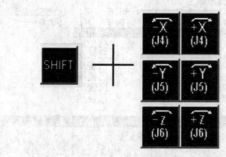

图2-34　示教工业机器人绕坐标轴旋转

注意：如果以上检验偏差不符合要求，则重复以上所有步骤重新设置即可。

2.3　用户坐标系设置

用户坐标系用于定义工件相对于大地坐标系或者其他坐标系的位置，在工业机器人动作允许范围内的任意位置，设定任意角度的x、y、z轴，用户坐标系一般定义在工件上，方向由用户自己定义。默认的用户坐标系与世界坐标系重合，如图2-35所示。新的用户坐标系的位置和姿态相对空间不变，主要有以下两方面作用：一是确定参考坐标系和确定工作台上的运动方向，方便操作者以工件平面方向为参考进行手动调试；二是当工件位置更改后，通过重新定义该坐标系，工业机器人即可正常作业，不需要对工业机器人的程序进行修改。用户坐标系是用户对每个作业空间进行定义的笛卡儿坐标系，最多可以设置九个用户坐标系。

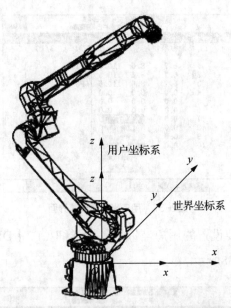

图2-35 默认的用户坐标系与世界坐标系重合

2.3.1 用户坐标系设置方法

FANUC工业机器人的用户坐标系设置方法分为三点法、四点法和直接输入法。这里只介绍三点法设置用户坐标系。

三点法设置用户坐标系主要步骤如下。

（1）依次按菜单（【MENU】）—设置（【SETUP】）—类型（F1【TYPE】）—坐标系（【Frames】）键，进入坐标系设置界面，如图2-36所示。

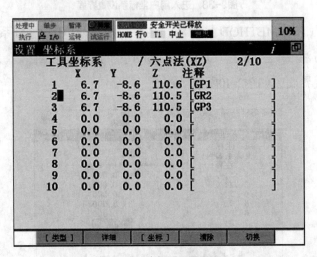

图2-36 坐标系设置界面

（2）按坐标（F3【OTHER】）键，选择用户坐标系（【User Frame】）选项，如图2-37所示，进入用户坐标系设置界面。

27

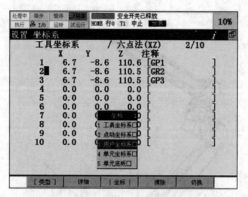

图2-37　用户坐标系设置界面

（3）移动光标至需要设置的用户坐标系，按详细（F2【DETAIL】）键，进入用户坐标系设置界面，如图2-38所示。

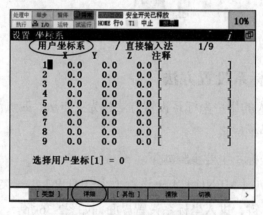

图2-38　进入用户坐标系设置界面

（4）按方法（F2【METHOD】）键，选择三点法设置用户坐标系，如图2-39所示。选择所用的设置方法——三点法（【Three Point】）选项，按回车（【ENTER】）键确认，进入具体设置界面，如图2-40所示。

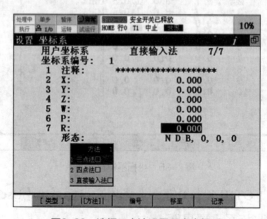

图2-39　选择三点法设置用户坐标系

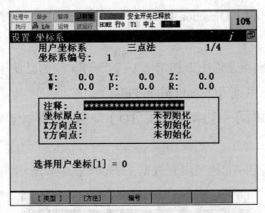

图2-40 三点法设置用户坐标系界面

（5）记录坐标原点（Orient Origin Point）。光标移至坐标原点（Orient Origin Point），按记录（【SHIFT】+F5【RECORD】）键，记录。当记录完成后，坐标原点选项由未初始化（UNINIT）变成已记录（RECORDED），如图2-41所示。

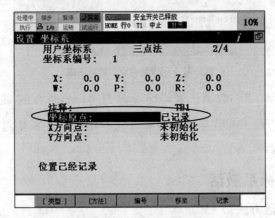

图2-41 记录坐标原点

将工业机器人的示教坐标系切换成世界坐标系。

（1）记录x方向点。

① 示教工业机器人沿用户需要+x方向至少移动250 mm。

② 光标移至x轴方向（x Direction Point）行，按记录（【SHIFT】+F5【RECORD】）键，记录。

③ 记录完成，坐标原点选项由未初始化（UNINIT）变为已记录（RECORDED）。

④ 移动光标到坐标原点（Orient Origin Point）。

⑤ 按移至（【SHIFT】+【F4 MOVE_TO】）键，使示教点回到坐标原点（Orient Origin Point）。

（2）记录y方向点。

① 示教工业机器人沿用户需要+y方向至少移动250 mm。

② 光标移至y轴方向（y Direction Point）行，按记录（【SHIFT】+F5【RECORD】）键，记录。

③ 记录完成，y方向点选项由未初始化（UNINIT）变为已使用（USED）。

④ 移动光标到坐标原点（Orient Origin Point）。

⑤ 按移至（【SHIFT】+【F4 MOVE_TO】）键，使示教点回到坐标原点（Orient Origin Point）。

记录了所有点后，相应的选项内有数据生成，如图2-42所示。

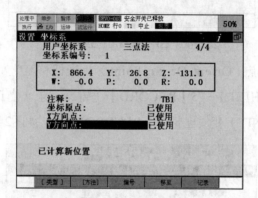

图2-42　记录所有点后数据生成

在图2-42中，X、Y、Z的数据代表当前设置的用户坐标系的原点相对于世界坐标系原点的偏移量值，W、P、R的数据代表当前设置的用户坐标系相对于世界坐标系的旋转量值。

2.3.2　用户坐标系激活

1. 用户坐标系激活方法一

其主要步骤如下。

（1）在图2-42中按示教器前一页（【PREV】）键，回到如图2-43所示用户坐标系界面。

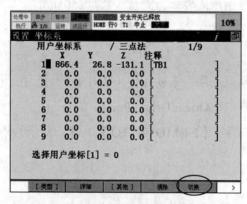

图2-43　用户坐标系界面

（2）按切换（F5【SETIND】）键，屏幕中出现输入坐标系编号（【Enter frame number】）选项，如图2-44所示。

图2-44 输入坐标系编号

（3）用数字键输入所需激活用户坐标系编号，按回车（【ENTER】）键确认，如图2-45所示。

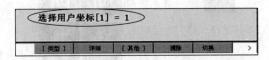

图2-45 确认用户坐标系编号

（4）屏幕中将显示被激活的用户坐标系编号，即当前有效用户坐标系编号，如图2-46所示。

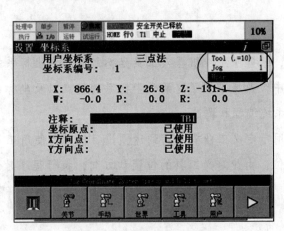

图2-46 激活用户坐标系界面

2. 用户坐标系激活方法二

其主要步骤如下。

（1）同时按示教器（【SHIFT】+【COORD】）键，弹出窗口，如图2-46所示。

（2）把光标移到用户（User）行，用数字键输入所要激活的用户坐标系编号。

2.3.3 用户坐标系检验

用户坐标系检验具体步骤如下。

（1）将工业机器人的示教坐标系通过坐标系（【COORD】）键切换成用户坐标系，如图2-47所示。

图2-47　切换成用户坐标系

（2）示教工业机器人分别沿x、y、z方向运动，检查用户坐标系的方向设定是否有偏差，如图2-48所示。

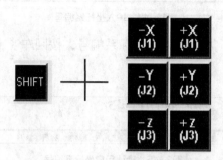

图2-48　示教工业机器人沿坐标轴运动

如果偏差不符合要求，则重复以上所有步骤重新设置即可。

本 章 小 结

通过本章的学习，掌握了工业机器人工具坐标系和用户坐标系的设置方法，在工业机器人系统编程过程中，熟练掌握了这两个坐标系的特点以及坐标系之间的相互关系，更加方便工业机器人系统编程和调试。

工具坐标系主要用于定义工业机器人到达预设目标时所使用工具的位置。工具中心点设为工具坐标系零位，由此定义工具的位置和方向，执行程序时，工业机器人将TCP移至编程位置。如果更改工具以及工具坐标系，工业机器人移动将随之更改，以便新的TCP到达目标位置。

用户坐标系主要用于定义工件相对于大地坐标系或者其他坐标系的位置，在工业机器人动作允许范围内的任意位置，在表示持有其他坐标系的设备（如工件）时非常有用。新的用户坐标系的位置和姿态相对空间不变化，方便客户以工件平面方向为参考进行手动调试，当工件位置更改后，通过重新定义该坐标系，工业机器人即可正常作业，不需要对工业机器人的程序进行修改。

练 习 题

一、填空题

（1）_____是为确定工业机器人的位置和姿态而在工业机器人或空间上进行定义的位置指标系统。

（2）工业机器人坐标系分为_____和_____。

（3）工业机器人直角坐标系包括_____、_____、_____、

_____和_____，所有直角坐标系均满足_____定则。

（4）_____是用来定义工具中心点（TCP）的位置和工具姿态的坐标系。

（5）分别列出图2-49中1～5所代表的工业机器人坐标系：1_____、

2_____、3_____、4_____、5_____。

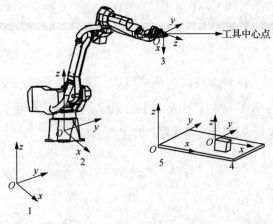

图2-49 工业机器人坐标系关系图

二、简答题

工业机器人应用过程中，建立工具坐标系主要有什么作用？

三、实践题

用三点法设置工具坐标系，并激活、检验所设工具坐标系。

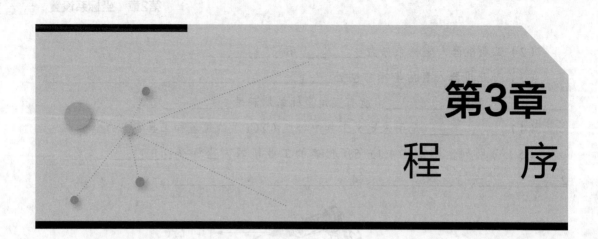

第3章

程　　序

在FANUC工业机器人系统编程时，程序管理是非常重要的一环。本章主要讲解工业机器人程序管理，学习掌握工业机器人程序的创建、选择、删除、复制、查看、执行的方法和步骤，提高现场复杂工业机器人程序编程效率。

3.1　程序新建

3.1.1　创建程序

在程序编制中，首先要进行程序的创建，创建程序主要步骤如下。

（1）按一览（【SELECT】）键，列出和创建程序按钮如图3-1所示，显示选择程序目录界面。

图3-1　列出和创建程序按钮

（2）选择创建（F2【CREATE】）键，创建程序界面如图3-2所示，开始创建程序。

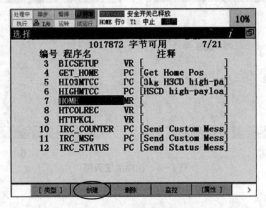

图3-2 创建程序界面

（3）移动光标选择程序名命名方式，再使用功能键（F1～F5），输入程序名，如图3-3所示。

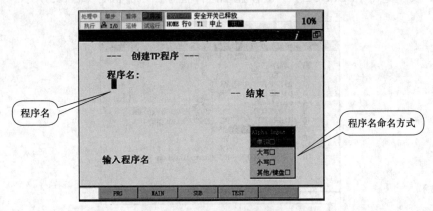

图3-3 输入程序名界面

程序名命名方式包括以下几种。

① 【Words】单词。

② 【Upper Case】大写。

③ 【Lower Case】小写。

④ 【Options】其他/键盘。

在程序命名过程中，应注意以下事项。

① 不可以用空格作为程序名的开始字符。

② 不可以用符号作为程序名的开始字符。

③ 不可以用数字作为程序名的开始字符。

（4）按回车（【ENTER】）键确认。按编辑（F3【EDIT】）键，进入程序编辑界面，如图3-4所示。

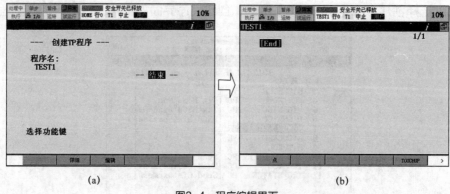

(a)　　　　　　　　　　　　　　　(b)

图3-4　程序编辑界面

3.1.2　选择程序

在程序编制中，有时需要对已经编制好的程序进行选择，已经编制好的程序存储在系统中，从系统中选择程序的主要步骤如下。

（1）按一览（【SELECT】）键，显示选择程序目录界面，如图3-5所示。

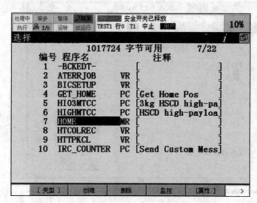

图3-5　选择程序目录界面

（2）移动光标选中需要的程序，如图3-5所示。

（3）按回车（【ENTER】）键，进入程序编辑界面，如图3-6所示。

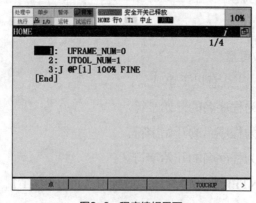

图3-6　程序编辑界面

3.2 程序管理

3.2.1 删除程序

在程序编制中，对于生产中不再使用的程序，可以在系统中将其删除，删除在目录中已有程序的主要步骤如下。

（1）按一览（【SELECT】）键，显示选择程序目录界面，如图3-7所示。

图3-7 选择程序目录界面

（2）移动光标选中要删除的程序名（如删除程序TEST1），如图3-7所示。

（3）按删除（F3【DELETE】）键，出现是否删除（Delete OK）选项，删除程序确认如图3-8所示。

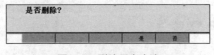

图3-8 删除程序确认

按是（F4【YES】）键确认，即可删除所选程序。

3.2.2 复制程序

在程序编制中，复制程序的主要步骤如下。

（1）按一览（【SELECT】）键，显示选择程序目录界面，如图3-9所示。

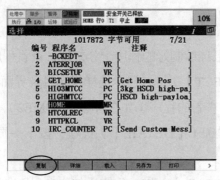

图3-9 选择程序目录界面

（2）移动光标选中要被复制的程序名（如复制程序HOME），如图3-9所示。

（3）若功能键中无复制（【COPY】）选项，按下一页（【NEXT】）键切换功能键内容。

（4）按复制（F1【COPY】）键，程序复制界面如图3-10所示。

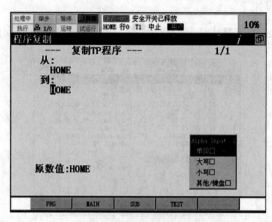

图3-10　程序复制界面

（5）移动光标选择程序名命名方式，再使用功能键（F1～F5）输入程序名。

（6）程序名输入完毕，按回车（【ENTER】）键确认，复制程序确认如图3-11所示。

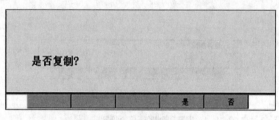

图3-11　复制程序确认

（7）出现是否复制选项，按是（F4【YES】）键确认。

3.3　程序运行

3.3.1　查看程序

在程序编制中，查看已经编制好的程序十分方便，查看程序属性的主要步骤如下。

（1）按一览（【SELECT】）键，显示选择程序目录界面，如图3-12所示。

（2）移动光标选中要查看的程序（如查看程序HOME2），如图3-12所示。

（3）若功能键中无详细（【DETAIL】）选项，按下一页（【NEXT】）键切换功能键内容。

（4）按详细（F2【DETAIL】）键，程序详细信息界面如图3-13所示。

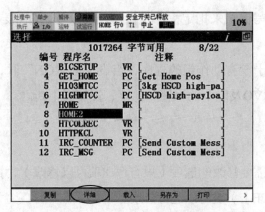

图3-12 选择程序目录界面

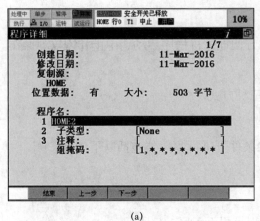

(a)

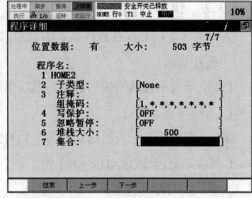

(b)

图3-13 程序详细信息界面

与程序属性相关的信息包括如下内容。

① 创建日期。程序创建日。

② 修改日期。程序修改日。

③ 复制源。程序复制源的文件名。

④ 位置数据。程序位置数据的有无。

⑤ 大小。程序数据容量。

与执行环境相关的信息包括如下内容。

① 程序名。程序名称,程序名称最好以能够表现其目的和功能的方式命名。例如,对第一种工件进行点焊的程序,可以将程序名取为"SPOT_1"。

② 子类型。ONE——无,MR——宏程序,COND——条件程序。

③ 注释。程序注释。

④ 组掩码。定义程序中哪几个组受控制,只有在该界面中的位置数据项(Positions)为"False(无)"时才可以修改此项。

⑤ 写保护。通过写保护来指定程序是否可以被改变。ON表示程序被写保护，OFF表示程序未被写保护。

⑥ 忽略暂停。对于没有动作组的程序，当设定为"ON"时，表示该程序在执行时不会被重要程度在SERVO及以下的报警、急停、暂停而中断。

⑦ 堆栈大小。

⑧ 集合。

（5）把光标移至需要修改的选项（只有1~8项可以修改），按回车（【ENTER】）键或选择（F4【CHOICE】）键可以进行修改。

（6）修改完毕，按结束（F1【END】）键，回到一览【SELECT】界面。

3.3.2　执行程序

FANUC工业机器人在程序运行中，可以方便地进行程序启动、中止和恢复等操作。

1．程序启动

工业机器人示教器的程序启动包括以下三种方式。

（1）顺序单步执行。

顺序单步执行在示教器模式开关为T1/T2条件下进行，主要包括以下步骤。

① 按住示教器【DEADMAN】键。

② 把示教器开关打到开（ON）状态。

③ 移动光标到要开始执行的指令行处，程序界面如图3-14所示。

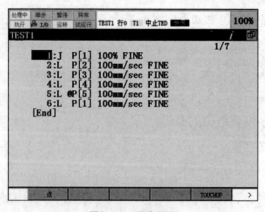

图3-14　程序界面

④ 按单步（【STEP】）键，确认单步（【STEP】）指示灯亮，如图3-15所示。

图3-15　单步指示灯

⑤ 按住【SHIFT】键，每按一下【FWD】键执行一行指令。程序运行完毕后，工业机器人停止运动。

（2）顺序连续执行。

顺序连续执行在示教器模式开关为T1/T2条件下进行，主要包括以下步骤。

① 按住示教器【DEADMAN】键。

② 把示教器开关打到开（ON）状态。

③ 移动光标到要开始执行的指令处，执行程序界面如图3-16所示。

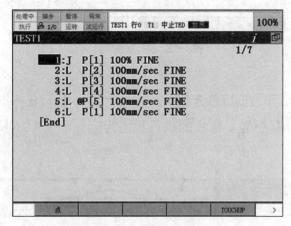

图3-16 执行程序界面

④ 确认单步（【STEP】）指示灯不亮，若单步（【STEP】）指示灯亮，按单步（【STEP】）键切换指示灯的状态，如图3-17所示。

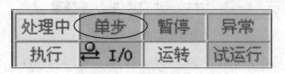

图3-17 切换单步指示灯

⑤ 按住【SHIFT】键，再按一下【FWD】键开始执行程序。程序运行完毕后，工业机器人停止运动。

（3）逆序单步执行。

逆序单步执行在示教器模式开关为T1/T2条件下进行，主要包括以下步骤。

① 按住示教器【DEADMAN】键。

② 把示教器开关打到开（ON）状态。

③ 移动光标到要开始执行的指令行处，执行程序界面如图3-18所示。

④ 按住【SHIFT】键，每按一下【BWD】键开始执行一条指令。程序运行完毕后，工业机器人停止运动。

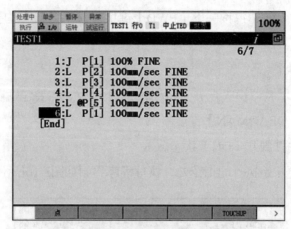

图3-18　执行程序界面

2. 程序中止

程序执行过程中，示教器屏幕会显示程序执行状态，执行状态类型包括以下内容。

执行：示教器屏幕将显示程序的执行状态为运行中（RUNNING），如图3-19所示。

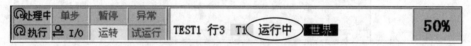

图3-19　程序运行中状态

中止：示教器屏幕将显示程序的执行状态为中止（ABORTED），如图3-20所示。

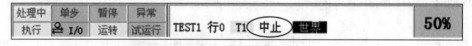

图3-20　程序中止状态

暂停：示教器屏幕将显示程序的执行状态为暂停（PAUSED），如图3-21所示。

图3-21　程序暂停状态

程序执行过程会出现中断情况，操作者停止程序运行或程序运行中遇到报警，都会引起程序中断情况发生。

（1）中断状态为暂停的主要方法。

① 按示教器上的紧急停止按钮。

② 按控制面板上的紧急停止按钮。

③ 释放示教器【DEADMAN】开关。

④ 外部紧急停止信号输入。

⑤ 系统紧急停止（IMSTP）信号输入。

⑥ 按示教器上的【HOLD】键。

⑦ 系统暂停（HOLD）信号输入。

（2）中断状态为中止的主要方法。

① 选择中止程序（【ABORT（ALL）】）。

② 按示教器上的功能（【FCTN】）键，选择中止程序（【ABORT（ALL）】）。

③ 系统中止（CSTOP）信号输入。

按下紧急停止按钮会使工业机器人立即停止，程序运行中断并出现报警，伺服系统关闭。按下【HOLD】键将会使工业机器人运动减速停止，程序运行中断。其报警代码如下。

> SRVO–001 Operator Panel E-stop，操作面板紧急停止
> SRVO–002 Teach Pendant E-stop，示教器紧急停止

程序中断后，恢复步骤如下。

a. 消除急停原因，如有危险发生。

b. 顺时针旋转松开急停按钮。

c. 按示教器上的复位（【RESET】）键，消除报警，此时异常（FAULT）指示灯灭。

d. 当程序运行或工业机器人操作中有不正确的地方会产生报警，并使工业机器人停止执行任务，以确保安全。

e. 实时的报警代码会出现在示教器上。示教器屏幕上只能显示一条报警代码。若要查看报警记录，需要依次按菜单（【MENU】）—报警（【ALARM】）—履历（F3【HIST】）键，如图3-22所示。

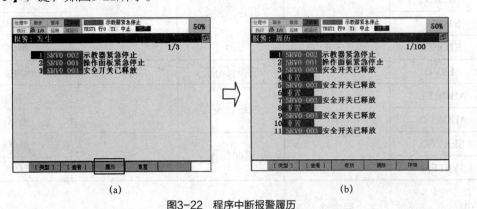

(a)   (b)

图3-22 程序中断报警履历

f. 按清除（F4【CLEAR】）键删除选中警告记录，按（【SHIFT】+F4【CLEAR】）键删除所有的警告历史记录。

g. 按详细（F5【DETAIL】）键或说明（F5【HELP】）键，显示报警代码的详细信息，如图3-23所示。

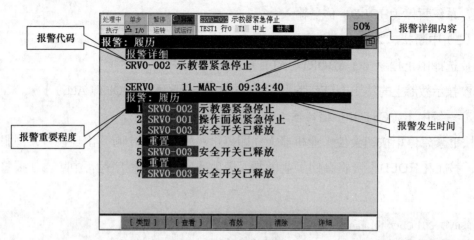

图3-23 程序报警详细信息

注意：一定要将故障消除，按下复位（【RESET】）键才会真正消除报警。有时，示教器上实时显示的报警代码并不是真正的故障原因，这时要查看报警历史记录才能找到引起问题的报警代码。

报警重要程度会有不同的代码显示，报警重要程度一览表见表3-1。

表3-1 报警重要程度一览表

代码	程序	工业机器人动作	伺服电机	范围
NONE	不停止	不停止		
WARN				
PAUSE.L	暂停	减速后停止	不断开	局部
PAUSE.G				整体
STOP.L				局部
STOP.G				整体
SERVO		瞬时停止	断开	整体
ABORT.L	强制结束	减速后停止	不断开	局部
ABORT.G				整体
SERVO2		瞬时停止	断开	整体
SYSTEM				整体

注：
① 范围：表示同时运行多个程序时（多任务功能）适用报警的范围。
② L：Local，只适用于发生报警的程序。
③ G：Global，适用于全部程序。

报警重要程度的说明见表3-2。

表 3-2　报警重要程度的说明

报警重要程度	说明
WARN	WARN 种类的报警，警告操作者比较轻微的或非紧要的问题。WARN 报警对工业机器人的操作没有直接影响。示教器和操作面板的报警灯不会亮。为预防今后有可能发生的问题，建议用户采取某种对策
PAUSE	PAUSE 种类的报警，中断程序的执行，使工业机器人在完成动作后停止。再次启动程序之前，需要采取针对报警的相应对策
STOP	STOP 种类的报警，中断程序的执行，使工业机器人的动作在减速后停止。再次启动程序之前，需要采取针对报警的相应对策
SERVO	SERVO 种类的报警，中断或者强制结束程序的执行，在断开伺服电源后，使工业机器人的动作瞬时停止。SERVO 报警通常大多是由于硬件异常而引起的
ABORT	ABORT 种类的报警，强制结束程序的执行，使工业机器人的动作在减速后停止
SYSTEM	SYSTEM 报警，通常是在与系统相关的重大问题时引起的。SYSTEM 报警使工业机器人的所有操作都停止。如有需要，请联系发那科的维修服务部门。在解决所发生的问题后，重新通电

3. 程序恢复

程序执行历史记录（Exec-hist），可预先记录最后执行的程序或最后执行途中程序的执行，在程序结束或暂停时参考该执行历史记录。

通过使用程序恢复功能，可在诸如程序执行中因某种原因而导致掉电，在冷启动后也可把握电源断开时的程序执行状态，从而便于恢复作业的进行。

程序恢复步骤如下。

（1）首先消除报警，然后依次按菜单（【MENU】）—下一个（【NEXT】）—状态（【STATUS】）—类型（F1【TYPE】）—执行历史记录（【Exec-hist】）键。消除报警界面如图3-24所示。

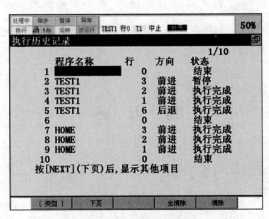

图3-24　消除报警界面

（2）找出暂停程序当前执行的行号（如当前在顺序执行到程序第3行的过程中被暂停），如图3-24所示。

（3）执行历史记录（Exec-hist）界面记录程序执行的历史情况，最新程序执行的状态将显示在第一行，主要信息如下。

① 程序名称（Program name）。

② 行（Line）。

③ 方向（Dirc）。

④ 状态（Stat）。

进入程序编辑界面，如图3-25所示。

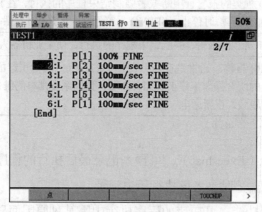

图3-25　程序编辑界面

手动执行到暂停行或执行顺序的上一行。可通过启动信号继续执行程序。

本 章 小 结

本章主要学习了解工业机器人程序的创建、选择、删除、复制、属性和执行的方法，熟练掌握FANUC工业机器人编写程序的步骤、注意事项，了解程序类型、用途和程序属性的查看、修改方法，在工业机器人系统复杂编程操作过程中取得事半功倍的效果。

练 习 题

一、填空题

（1）程序名称最好以能够表现其_____和_____的方式命名。例如，对一种工件进行点焊的程序，可以将程序名取为_____。

（2）执行程序时，示教器屏幕将显示程序的执行状态为_____。

（3）一定要将_____，按下复位（【RESET】）键才会真正消除报警。

（4）_____报警通常发生在与系统相关的重大问题时。

二、思考题

（1）工业机器人程序命名时要注意什么？

（2）工业机器人示教器启动程序包括哪三种方式？

第4章

指　令

本章主要讲解FANUC工业机器人程序指令，重点学习掌握指令编辑界面、指令编辑的方法，详细介绍了FANUC工业机器人动作指令和控制指令的使用方法，方便用户对FANUC工业机器人程序的编制，同时也为生产现场复杂应用的实现提供可能。

4.1　指令管理

对FANUC工业机器人系统的相关指令进行编辑是通过工业机器人示教器（TP）编辑界面实现的，因此需要了解编辑界面的具体操作方法。

4.1.1　编辑界面

（1）打开工业机器人示教器，按一览（【SELECT】）键，显示选择程序目录界面，如图4-1所示。

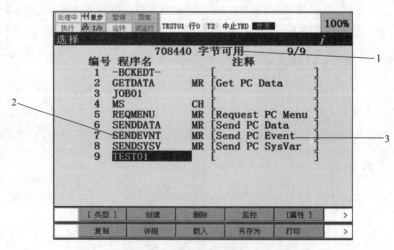

1—存储器剩余容量；2—程序名称；3—程序属性

图4-1　选择程序目录界面

（2）在图4-1所示界面中选择程序TEST01进入程序编辑界面，如图4-2所示。

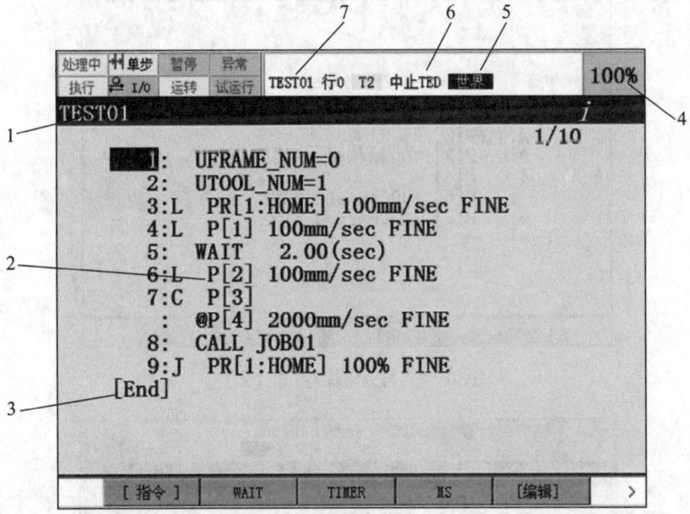

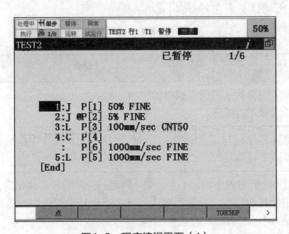

1—编辑程序名；2—程序指令；3—程序结束标记；4—速度倍率；5—示教坐标系；
6—程序状态；7—执行程序行编号

图4-2 程序编辑界面

4.1.2 指令编辑

在程序编制过程中，为方便对工业机器人程序指令的修改，可以对工业机器人进行插入、删除、复制/剪切、粘贴、查找和替换等指令编辑（EDCMD），其主要步骤如下。

（1）选择所要编辑的程序，进入程序编辑界面，如图4-3所示。

图4-3 程序编辑界面（1）

（2）按下一页（【NEXT】）键切换功能键内容，F5对应为编辑（【EDCMD】）选项，如图4-4所示。

（3）按编辑（F5【EDCMD】）键，弹出指令编辑窗口，如图4-5所示。

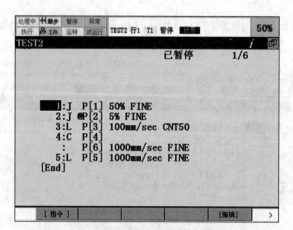

图4-4 程序编辑界面（2）

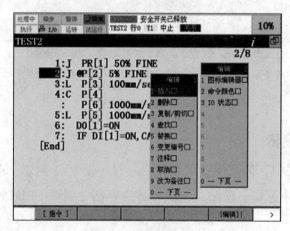

图4-5 指令编辑窗口

指令编辑（【EDCMD】）菜单说明见表4-1。

表4-1 指令编辑（【EDCMD】）菜单说明

菜单指令	说明
插入 （Insert）	插入空白行：将所需数量的空白行插入到现有的程序语句之间。插入空白行后，重新赋予行编号
删除 （Delete）	删除程序语句：将所指定范围的程序语句从程序中删除。删除程序语句后，重新赋予行编号
复制/剪切 （Copy/Cut）	复制/剪切程序语句：先复制/剪切一连串的程序语句集，然后插入粘贴到程序中的其他位置。复制程序语句时，选择复制源的程序语句范围，将其记录到存储器中。程序语句一旦被复制，可以多次插入粘贴使用
查找 （Find）	查找所指定的程序指令要素
替换 （Replace）	将所指定的程序指令的要素替换为其他要素。例如，在更改了影响程序的设置数据的情况下使用该功能

菜单指令	说明
变更编号（Renumber）	以升序重新赋予程序中的位置编号：位置编号在每次对动作指令进行示教时，自动累加生成。经过反复执行插入和删除操作，位置编号在程序中会显得凌乱无序。通过变更编号，位置编号可以在程序中依序排列
注释（Comment）	可以在程序编辑界面内对以下指令的注释进行显示／隐藏切换，但是不能对注释进行编辑： • DI 指令、DO 指令、RI 指令、RO 指令、GI 指令、GO 指令、AI 指令、AO 指令、UI 指令、UO 指令、SI 指令，SO 指令； • 寄存器指令； • 位置寄存器指令（包含动作指令的位置数据格式的位置寄存器）； • 码垛寄存器指令； • 动作指令的寄存器速度指令
取消（Undo）	取消一步操作：可以取消指令的更改、行插入、行删除等程序编辑操作。若在编辑程序的某一行时执行取消操作，则相对该行执行的所有操作全部都取消。此外，在行插入和行删除中，取消所有已插入的行和已删除的行
改为备注（Remark）	通过指令的备注，就可以不执行该指令，可以对多条指令备注，或者予以解除。被备注的指令，在行的开头显示"//"
图标编辑器	进入图标编辑界面，在带触摸屏的示教器上，可直接触摸图表进行程序的编辑
命令颜色	使某些命令如 I/O 命令以彩色显示
I/O 状态	在命令中显示 I/O 的实时状态

指令编辑（【EDCMD】）菜单具体说明如下。

1. 插入

将所需数量的空白行插入（Insert）到现有的程序语句之间。插入空白行后，重新赋予行编号。

程序插入主要步骤如下。

（1）进入程序编辑界面，显示指令编辑（F5【EDCMD】）选项。

（2）移动光标到所需要插入空白行的位置，空白行插在光标行之前。

（3）按指令编辑（F5【EDCMD】）键。

（4）移动光标到插入（【Insert】）选项，按回车（【ENTER】）键确认。

（5）屏幕下方会出现"插入多少行？"（【How many line to insert？】）选项，用数字键输入所需要插入的行数（如插入2行），程序插入行数窗口如图4-6所示，按回车（【ENTER】）键确认，程序插入行数位置如图4-7所示。

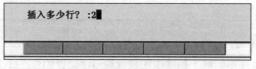

图4-6 程序插入行数窗口

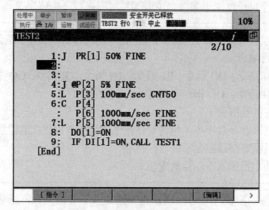

图4-7 程序插入行数位置

2. 删除

删除（Delete）程序语句是将指定范围的程序语句从程序中删除。删除程序语句后，重新赋予行编号，其主要步骤如下。

（1）进入程序编辑界面，显示指令编辑（F5【EDCMD】）选项。

（2）移动光标到所要删除的指令行编号处。

（3）按指令编辑（F5【EDCMD】）键。

（4）移动光标到删除（【Delete】）选项，删除指令界面如图4-8所示，按回车（【ENTER】）键确认。

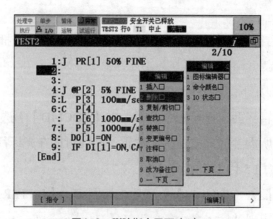

图4-8 删除指令界面（1）

（5）屏幕下方会出现"是否删除行？"（【Delete line（s）？】）选项，移动光标选中所需要删除的行，可以是单行或是连续的几行，如图4-9所示。

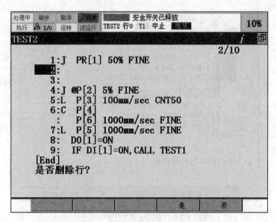

图4-9 删除指令界面（2）

（6）按是（F4【YES】）键确认，即可删除所选行。

3. 复制／剪切

复制/剪切（Copy／Cut）程序语句。先复制/剪切一连串的程序语句集，然后插入粘贴到程序中的其他位置。复制程序语句时，选择复制源的程序语句范围，将其记录到存储器中。程序语句一旦被复制，可以多次插入粘贴使用。

复制／剪切指令主要步骤如下。

（1）进入程序编辑界面，显示指令编辑（F5【EDCMD】）选项。

（2）移动光标到所要复制或剪切的行号处。

（3）按指令编辑（F5【EDCMD】）键。

（4）移动光标到复制/剪切（【Copy/Cut】）选项，如图4-10所示，按回车（【ENTER】）键确认。

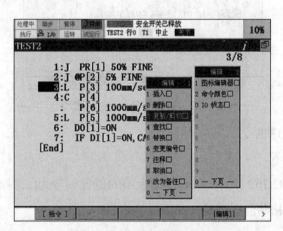

图4-10 复制/剪切指令（1）

（5）按选择（F2【SELECT】）键，屏幕下方会出现复制（【COPY】）、剪切（【CUT】）和粘贴（【Paste】）三个选项，如图4-11所示。

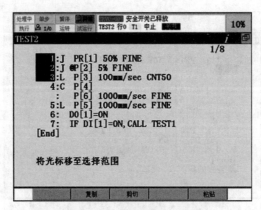

图4-11　复制/剪切指令（2）

（6）向上或向下拖动光标，选择需要复制或剪切的指令，然后根据需求选择复制（【F2】）或者剪切（【F3】）选项。

粘贴指令主要步骤如下。

（1）按以上步骤复制或剪切所需内容。

（2）移动光标到所需要粘贴的行编号处（插入式粘贴，不需要先插入空白行）。

（3）按粘贴（F5【PASTE】）键，屏幕下方会出现"在该行之前粘贴吗？"（Paste before this line？）选项，如图4-12所示。

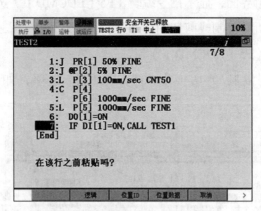

图4-12　【PASTE】（粘贴）指令

（4）选择合适的粘贴方式进行粘贴。

主要粘贴方式如下。

① 逻辑（F2【LOGIC】）。在动作指令中的位置编号为[...]（位置尚未示教）的状态下插入粘贴，即不粘贴位置信息，如图4-13和图4-14所示。

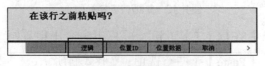

图4-13　选择逻辑粘贴方式

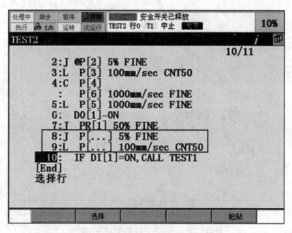

图4-14 选择逻辑粘贴指令

② 位置ID（F3【POS-ID】）。在未改变动作指令中的位置编号及位置数据插入粘贴，即粘贴位置信息和位置编号，如图4-15和图4-16所示。

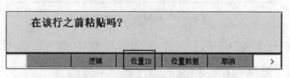

图4-15 选择位置ID粘贴方式

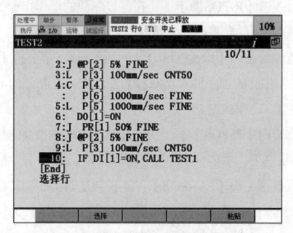

图4-16 选择位置ID粘贴指令

③ 位置数据（F4【POSITION】）。在未更新动作指令中的位置数据，但位置编号被更新的状态下插入粘贴，即粘贴位置信息并生成新的位置编号，如图4-17和图4-18所示。按下一页（【NEXT】）键，显示下一个功能键菜单，如图4-19所示。

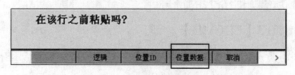

图4-17 选择位置数据粘贴方式

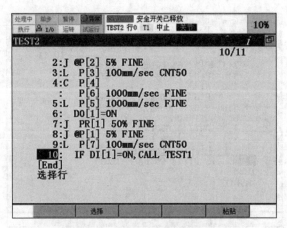

图4-18　选择位置数据粘贴指令

图4-19　粘贴方式功能菜单

④ 倒序逻辑（F1【R-LOGIC】）。在动作指令中的位置编号为[...]（位置尚未示教）的状态下，按照与复制源指令相反的顺序插入粘贴。

⑤ 倒序位置编号（F2【R-POSID】）。在与复制源的动作指令的位置编号及格式保持相同的状态下，按照相反的顺序插入粘贴。

⑥ 倒序动作位置编号（F3【RM-POSID】）。在与复制源的动作指令的位置编号保持相同的状态下，按照相反的顺序插入粘贴。为使动作与复制源的动作完全相反，更改各动作指令的动作类型、动作速度。

⑦ 倒序位置数据（F4【R-POS】）。在与复制源的动作指令的位置数据保持相同，而位置编号被更新的状态下，按照相反的顺序插入粘贴。

⑧ 倒序动作位置数据（F5【RM-POS】）。在与复制源的动作指令的位置数据保持相同，而位置编号被更新的状态下，按照相反的顺序插入粘贴。为使动作与复制源的动作完全相反，更改各动作指令的动作类型、动作速度。

4. 查找

查找（Find）指令就是查找所指定的程序指令要素，主要步骤如下。

（1）进入程序编辑界面，显示指令编辑（F5【EDCMD】）选项。

（2）移动光标到所要开始查找的行号处。

（3）按指令编辑（F5【EDCMD】）键。

（4）移动光标到查找（【Find】）选项，查找指令菜单如图4-20所示，按回车（【ENTER】）键确认，进入图4-21所示的查找指令要素界面。

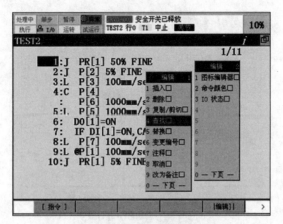

图4-20 查找指令菜单

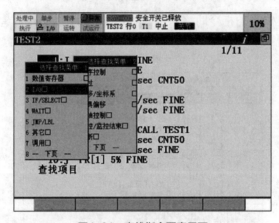

图4-21 查找指令要素界面

（5）选择将要查找的指令要素，在图4-22所示的界面单击查找DO[ ]指令。

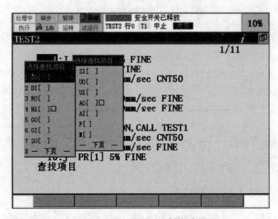

图4-22 查找DO[ ]指令

（6）在需要查找的要素存在定值的情况下输入该数据，查找的DO[1]指令如图4-23所示。在需要查找的要素与定值无关的情况下进行查找时，不用输入，直接按回车【ENTER】键。

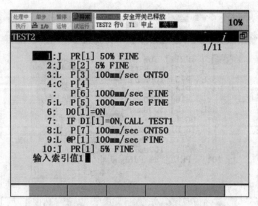

图4-23　查找的DO[1]指令

注意：需要查找的指令若在程序内，则光标停止在该指令位置。

（7）进一步查找相同的指令时，按下一个（F4【NEXT】）键，更多指令查找界面如图4-24所示。

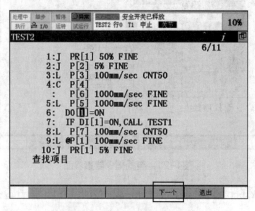

图4-24　更多指令查找界面

（8）要结束查找指令时，按退出（F5【EXIT】）键。

5. 替换

替换（Replace）指令就是将所指定的程序指令的要素替换为其他要素，其主要步骤如下。

（1）进入程序编辑界面，显示指令编辑（F5【EDCMD】）选项。

（2）移动光标到所要开始查找的行编号处。

（3）按指令编辑（F5【EDCMD】）键。

（4）移动光标到替换（【Replace】）选项，替换指令界面如图4-25所示，按回车（【ENTER】）键确认。

（5）选择需要替换的指令要素，按回车（【ENTER】）键确认，替换指令要素界面如图4-26所示。

（6）将动作指令的速度值替换为其他值，替换动作指令速度值如图4-27所示。

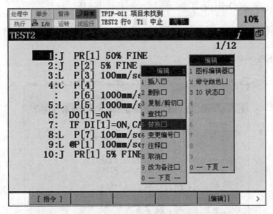

图4-25 替换指令界面

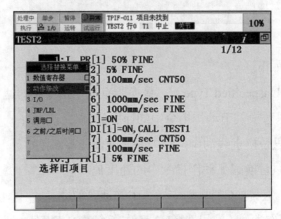

图4-26 替换指令要素界面

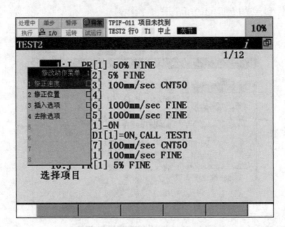

图4-27 替换动作指令速度值

动作参数替换分类如下。

① 修正速度（Replace Speed）。将速度值替换为其他值。

② 修正位置（Replace Term）。将定位类型替换为其他值。

③ 插入选项（Insert Option）。插入动作控制指令。

④ 去除选项（Remove Option）。删除动作控制指令。

（7）选择修正速度（Replace Speed）选项。按回车（【ENTER】）键确认，选择动作类型菜单如图4-28所示。

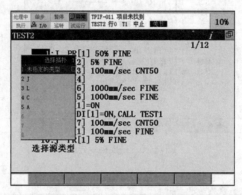

图4-28　选择动作类型菜单

其菜单选项功能如下。

① 未指定类型（Unspecified Type）。替换所有动作指令中的速度值。

② 关节（J）。只替换关节动作指令中的速度值。

③ 直线（L）。只替换直线动作指令中的速度值。

④ 圆弧（C）。只替换圆弧动作指令中的速度值。

⑤ C圆弧（A）。只替换C圆弧动作指令中的速度值。

（8）选择替换动作类型（这里选择L）动作指令中的速度值，按回车（【ENTER】）键确认，选择源速度类型菜单如图4-29所示。

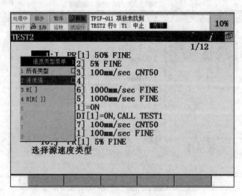

图4-29　选择源速度类型菜单

其菜单功能选项如下。

① 所有类型（ALL Type）。对速度类型不予指定。

② 速度值（Speed Value）。速度为数值指定类型。

③ 寄存器[ ]（R[ ]）。速度为寄存器直接指定类型。

④ 寄存器[寄存器[ ]]（R[R[ ]]）。速度为寄存器间接指定类型。

（9）选择源速度类型（这里选择速度值），按回车（【ENTER】）键确认，选择目标速度类型菜单如图4-30所示。

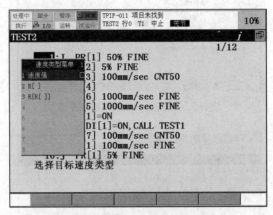

图4-30 选择目标速度类型菜单

其菜单功能选项如下。

① 速度值（Speed Value）。速度为数值指定类型。

② 寄存器[ ]（R[ ]）。速度为寄存器直接指定类型。

③ 寄存器[寄存器[ ]]（R[R[ ]]）。速度为寄存器间接指定类型。

（10）选择目标速度类型（这里选择速度值），按回车（【ENTER】）键确认，速度单位类型界面如图4-31所示。

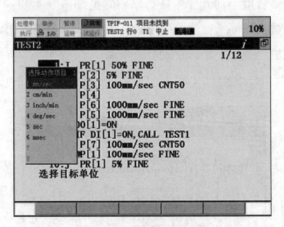

图4-31 速度单位类型界面

（11）指定替换的速度单位（这里选择mm/sec），按【ENTER】键确认。输入需要的速度值2 000，指定选择速度值替换界面如图4-32所示，按回车（【ENTER】）键确认，显示"是否修改"选项，如图4-33所示。

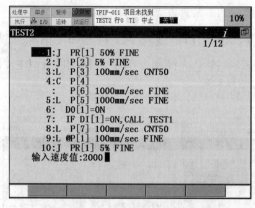

图4-32 指定选择速度值替换界面

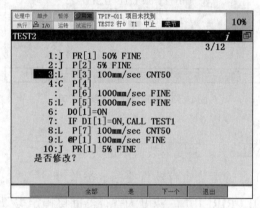

图4-33 速度值是否修改

显示出替换方法的种类如下。

① 全部（ALL）。替换当前光标所在行以后的全部该要素。

② 是（YES）。替换光标所在位置的要素，查找下一个该候选要素。

③ 下一个（NEXT）。查找下一个该候选要素。

（12）如选择替换方法为全部（F2【ALL】），结果如图4-34所示。

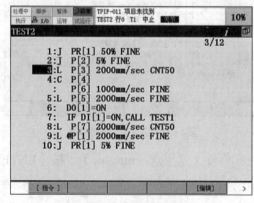

图4-34 速度值替换

（13）结束时，按退出（F5【EXIT】）键退出。

6. 变更编号

位置编号在每次对动作指令进行示教时，自动累加生成。经过反复执行插入和删除操作，位置编号在程序中会显得凌乱无序。变更编号（Renumber），可使位置编号在程序中依序排列。

以升序重新赋予程序中的位置编号为例，其主要步骤如下。

（1）进入程序编辑界面，显示编辑（F5【EDCMD】）选项。

（2）按指令编辑（F5【EDCMD】）键。

（3）移动光标到变更编号（【Renumber】）选项，如图4-35所示，按回车（【ENTER】）键确认，进入变更编号界面，如图4-36所示。

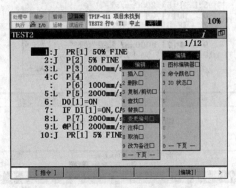

图4-35 选择变更编号界面（1）

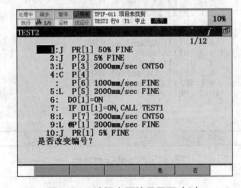

图4-36 选择变更编号界面（2）

按是（F4【YES】）键确认后变更编号，按否（F5【NO】）键取消操作。

7. 注释

注释（Comment）可以在程序编辑界面内对DI指令、DO指令、RI指令、RO指令、GI指令、GO指令、AI指令、AO指令、UI指令、UO指令、SI指令、SO指令、寄存器指令、位置寄存器指令（包含动作指令的位置数据格式的位置寄存器）、码垛寄存器指令、动作指令的寄存器速度指令的注释进行显示/隐藏切换，但是不能对注释进行编辑。

其主要步骤如下。

（1）进入程序编辑界面，显示编辑（F5【EDCMD】）选项。

（2）移动光标到所需要插入空白行的位置（空白行插在光标行之前）。

（3）按指令编辑（F5【EDCMD】）键。

（4）移动光标到注释（【Comment】）选项，选择注释界面如图4-37所示，按回车（【ENTER】）键确认，即可将相应的注释进行显示/隐藏切换，如图4-38所示。

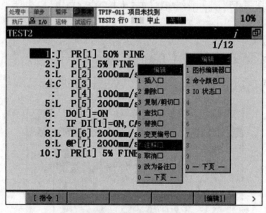

图4-37　选择注释界面

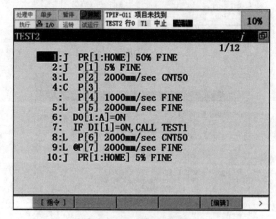

图4-38　指令注释界面

8. 取消

取消（Undo）操作可以取消指令的更改、行插入、行删除等程序编辑操作。若在编辑程序的某一行时执行取消操作，则相对该行执行的所有操作全部都会取消。此外，在行插入和行删除中，可取消所有已插入的行和已删除的行。以取消（Undo）插入（【Insert】）操作为例，其主要步骤如下。

（1）进入程序编辑界面，显示F5【EDCMD】（编辑）选项。

（2）移动光标至待取消的行号处。

（3）按指令编辑（F5【EDCMD】）键。

（4）移动光标到取消（【Undo】）选项，选择取消界面如图4-39所示，按回车（【ENTER】）键确认，结果如图4-40所示。

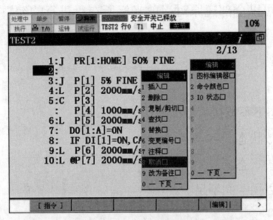

图4-39 选择取消界面

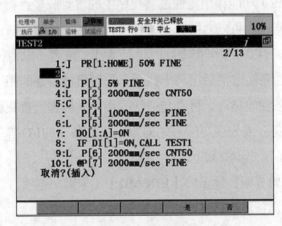

图4-40 取消插入

（5）按是（F4【YES】）键，则取消空白行插入的操作。

（6）继续执行一次取消（【Undo】）操作，即可取消刚才执行的取消操作，还原到执行取消操作之前的状态。

注意：操作中自动改写程序，所以结果可能与操作者所预想的不同。在执行完取消操作后执行程序时，应先充分确认程序的内容。

可以被取消的操作如下。

①指令的更改。

②行插入。

③行删除。

④程序语句的复制。

⑤ 程序语句的粘贴。

⑥ 程序指令的替换。

⑦ 位置编号的重新赋予。

通过取消操作，可以全部还原对当前光标所在行进行的编辑内容。执行下列操作后，取消操作无效。

① 电源切断。

② 选择其他的程序。

但是，在下列状态下不能执行取消操作。

① 示教器处于无效状态。

② 程序处于写保护状态。

③ 程序存储器的可用空间不足。

9. 改为备注

改为备注（Remark）功能作用是通过将程序中的单行或多行指令改为备注，可以在程序运行中不执行该指令。可以对所有指令备注，或者予以解除。已被备注的指令，在行的开头显示"//"。可以对多个指令同时进行备注，或者予以取消。已被备注的指令信息将被保存起来，在备注取消后可马上执行。复制已被备注的指令时，将已被备注的状态原样复制。已被备注的指令，可以与通常的指令一样进行查找和替换。已被备注的动作指令的位置编号将会成为变更编号的对象。已被备注的I/O指令等注释可通过编辑"注释"切换显示。其主要步骤如下。

（1）进入程序编辑界面，显示F5【EDCMD】（编辑）选项。

（2）移动光标至需备注的行号处。

（3）按指令编辑（F5【EDCMD】）键。

（4）移动光标到改为备注（【Remark】）选项，选择改为备注界面如图4-41所示，按回车（【ENTER】）键确认。

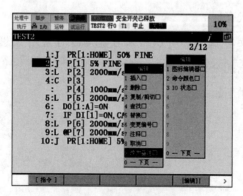

图4-41　选择改为备注界面

向上或向下拖动光标选择要改为备注的指令，然后按改为备注（F4【REMARK】）键，改为备注界面如图4-42所示，结果如图4-43所示。若要取消备注，则重复以上步骤，按取消备注（F5【UNREMARK】）键。

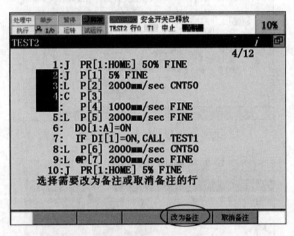

图4-42 改为备注界面

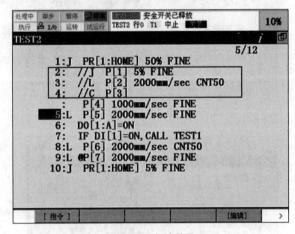

图4-43 备注结果

10. 图标编辑器

通过该命令，可以进入图标编辑界面，若示教器为触摸屏，则可以通过触摸图标对程序进行编辑。其主要步骤如下。

（1）进入程序编辑界面，显示F5【EDCMD】（编辑）选项。

（2）按编辑（F5【EDCMD】）键，移动光标选择图标编辑器选项，选择图标编辑器界面如图4-44所示，按回车（【ENTER】）确认，进入图标编辑界面，如图4-45所示。

注意：在有触摸屏功能的示教器上，直接触摸相应的图标可进行程序的编辑，如图4-46所示。

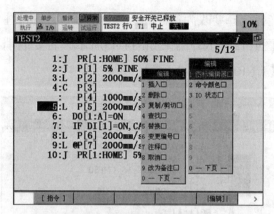

图4-44　选择图标编辑器界面

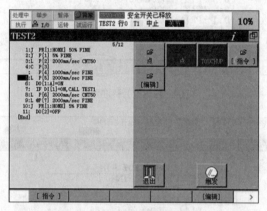

图4-45　进入图标编辑器界面

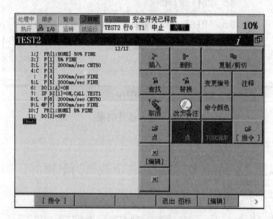

图4-46　图标编辑器界面

（3）若要退出图标编辑菜单，可在以上界面中，按编辑【F5】键，再按退出图标【F4】键。

11. 命令颜色

通过此命令，可在程序中进行部分指令（如I/O指令）的彩色背景是否显示的切换，如图4-47和图4-48所示。

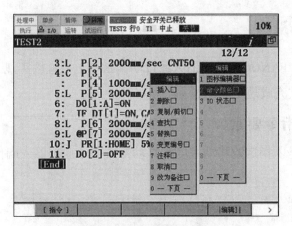

图4-47 选择命令颜色界面

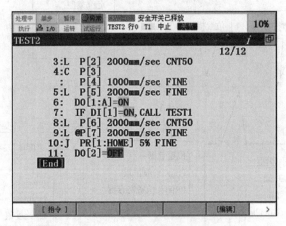

图4-48 命令背景颜色切换

12. I/O状态

通过I/O，可在程序编辑界面实时显示程序命令中I/O的状态，实时显示I/O状态如图4-49所示。

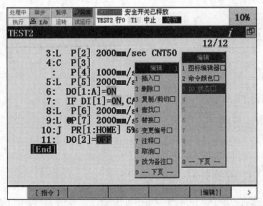

(a)

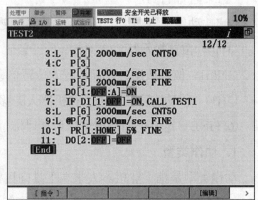

(b)

图4-49 实时显示I/O状态

4.2 动作指令

在编程过程中，FANUC工业机器人通过动作指令，可直接实现工业机器人以指定的运动速度和运动方式完成规定的动作。

4.2.1 动作指令要素

动作指令指的是以指定的移动速度和移动方式使工业机器人向作业空间内的指定目标位置移动的指令。

FANUC工业机器人的一个完整动作指令要素构成如图4-50所示。

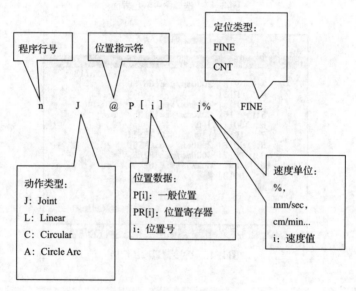

图4-50 动作指令要素构成

FANUC工业机器人动作指令组成要素如下。

① n。程序行号。

② J。动作类型，指定向目标位置的轨迹控制。

③ @。位置指示符。

④ P[i]。位置数据，目标位置的位置信息。

⑤ j%。移动速度，指定工业机器人的移动速度。

⑥ FINE。定位类型，指定是否在目标位置定位。

1. 动作类型

动作类型是指工业机器人末端工具向目标位置的轨迹控制方式。

（1）关节动作（J）。关节动作是指工具在两个目标点之间弧度运动，该指令可以使工业机器人TCP从动作开始点到目标点以弧度运动，关节动作示意图如图4-51所示。

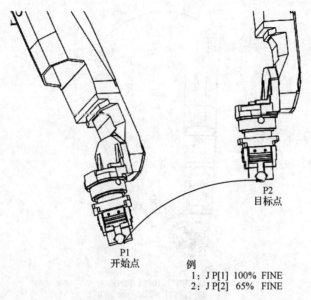

例

1: J P[1] 100% FINE
2: J P[2] 65% FINE

图4-51 关节动作示意图

（2）直线动作（L）。直线动作是指工具在两点之间沿直线运动，该指令可以使工业机器人TCP从动作开始点到目标点以直线方式运动。直线动作示意图如图4-52所示。

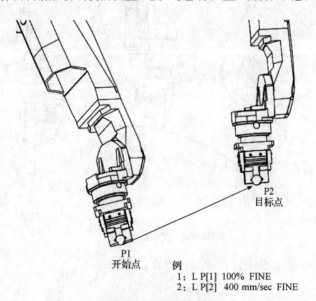

例

1: L P[1] 100% FINE
2: L P[2] 400 mm/sec FINE

图4-52 直线动作示意图

（3）旋转动作（R）。旋转动作是指使用直线动作，使工业机器人的姿态以从动作开始点到目标点以TCP为中心旋转的一种移动方法。旋转动作示意图如图4-53所示。

（4）圆弧动作（C）。圆弧动作是指工具在三点之间沿圆弧运动，该指令可以使工业机器人TCP从动作开始点通过经由点到目标点，以圆弧方式对刀尖点移动轨迹进行控制。圆弧动作示意图如图4-54所示。

71

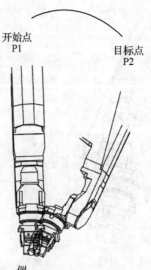

例
1：J P[1] 100% FINE
2：L P[2] 40 deg/sec FINE

图4-53　旋转动作示意图

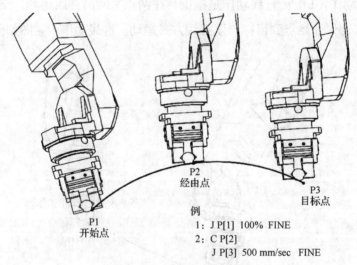

例
1：J P[1] 100% FINE
2：C P[2]
　　J P[3] 500 mm/sec FINE

图4-54　圆弧动作示意图

注意：第三点的记录方法，记录完P[2]后，会出现

2：C　P[2]

P[…]　500 mm/sec　FINE

将光标移至P[…]行前，并示教工业机器人至所需要的位置，按【SHIFT】+F3【TOUCHUP】键，记录圆弧第三点。

（5）C圆弧动作（A）。C圆弧动作（A）是指工具在三点之间沿圆弧运动，该指令可以使工业机器人TCP沿着由连续的大于等于三个C圆弧动作指令A连接而成的圆弧动作。C圆弧动作示意图如图4-55所示。

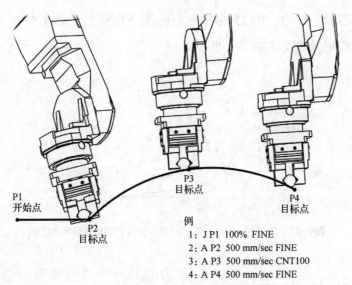

P1
开始点

P2
目标点

P3
目标点

P4
目标点

例
1：J P1 100% FINE
2：A P2 500 mm/sec FINE
3：A P3 500 mm/sec CNT100
4：A P4 500 mm/sec FINE

图4-55　C圆弧动作示意图

2. 位置数据

（1）P[　]表示一般位置，如J P[1] 100% FINE。

（2）PR[　]表示位置寄存器，如J PR[1] 100% FINE 。

3. 移动速度

对应不同的动作类型，速度单位不同。

（1）J。%，sec，msec。

（2）A。mm/sec，cm/min，inch/min，deg/sec，sec，msec。

4. 定位类型

（1）FINE。工业机器人在所指定位置暂停后，执行下一个动作。

（2）CNT（0-100）。工业机器人将在所指定的位置和下一个动作位置平顺的连接起来，动作的平顺程度越大越平顺。

当移动速度和速度倍率值一定时，R-J3、R-J3+B、R-30+A、R-30+B控制柜控制平顺程度。不同CNT值下的平顺程度如图4-56所示。

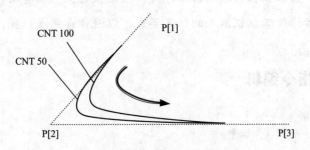

CNT 100

CNT 50

P[1]

P[2]

P[3]

图4-56　不同CNT值下的平顺程度

CNT值一定时，R-J3、R-J3+B控制柜控制平顺程度如图4-57所示；R-30+A、R-30+B控制柜控制平顺程度如图4-58所示。

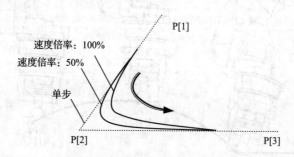

图4-57　CNT值一定时，R-J3、R-J3+B控制柜控制平顺程度

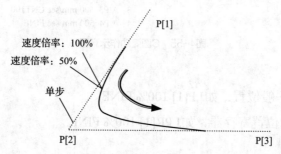

图4-58　CNT值一定时，R-30+A、R-30+B控制柜控制平顺程度

注意：工业机器人绕过工件的运动，使用CNT作为运动定位类型，可以使工业机器人的运动看上去更连贯。当工业机器人手爪的姿态突变时，会增加工业机器人运行时间；当工业机器人手爪的姿态逐渐变化时，工业机器人可以运动得更快。当具体操作工业机器人时，可以使用一个合适的姿态示教开始点。示教姿态突变后的位置点确定后，在开始点和突变后的位置点之间增加过渡点，以尽可能使工业机器人的姿态逐渐变化。

注意：奇异点（MOTN-023 STOP In Singularity）表示工业机器人J5轴在0°位置附近点，当示教中产生该报警时，可以使用关节坐标将J5轴调离0°位置，按复位【RESET】键即可消除该报警。当工业机器人运行程序时产生该报警，可以将动作指令的动作类型改为关节动作，或者修改工业机器人的位置姿态，以避开奇异点位置，也可以使用附加动作指令。

4.2.2　动作指令编辑

1. 示教

（1）示教方法一的主要步骤。

① 将工业机器人示教器开关打到开（ON）状态。

② 移动工业机器人到所需位置。

③ 按住（【SHIFT】+F1【POINT】）键。

④ 编辑界面内容将生成动作指令，如图4-59所示。

（2）示教方法二的主要步骤。

① 进入编辑界面，按点（F1【POINT】）键，如图4-60所示。

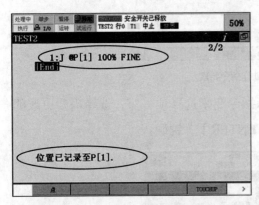 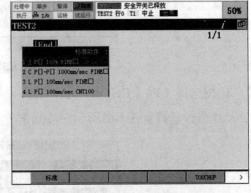

图4-59 示教方法一生成动作指令　　　　　图4-60 示教方法二编辑界面

注意：若在步骤中找不到需要的动作指令格式，可按标准【F1】进行标准指令模板的设定。

② 移动光标选择合适的动作指令格式，按回车（【ENTER】）键确认，生成动作指令，将当前工业机器人的位置记录下来，如图4-61所示。

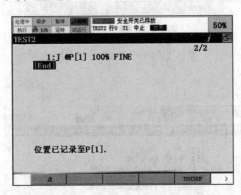

图4-61 示教方法二生成动作指令

注意：此后通过按住（【SHIFT】+【POINT】）键记录的动作指令，都将使用当前所选的默认格式，直到选择其他的格式为默认格式为止。

2. 修改动作指令四要素

（1）动作类型修改的主要步骤。

① 进入指令编辑界面。

② 将光标移到需要修改的动作指令的指令要素选项，如图4-62所示。

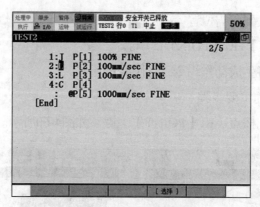

图4-62　选择动作指令要素

③ 按选择（F4【CHOICE】）键，显示指令要素选择项一览，选择需要更改的条目，动作修改选择如图4-63所示，按回车（【ENTER】）键确认。

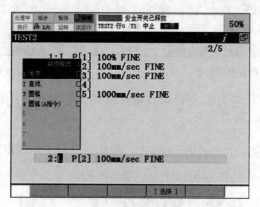

图4-63　动作修改选择

④ 在图4-63所示界面中，表示将动作类型从直线动作更改为关节动作，如图4-64所示。

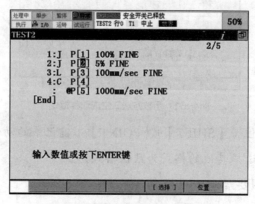

图4-64　从直线动作更改为关节动作

（2）位置数据修改。

进入指令编辑界面，将光标移到需要修改的指令要素选项，进行位置数据修改，如

图4-65所示。

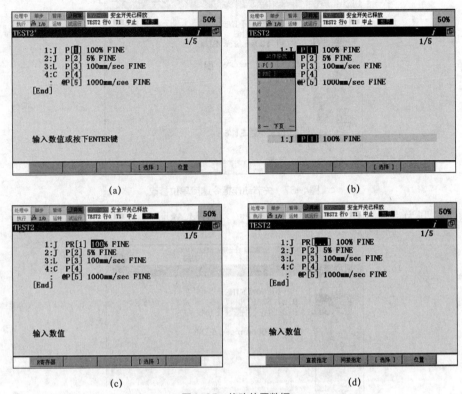

(a) (b)

(c) (d)

图4-65 修改位置数据

（3）速度值修改。

进入指令编辑界面，将光标移到需要修改的指令要素选项，进行速度值修改，可直接使用数字键输入修改速度值，如图4-66所示。

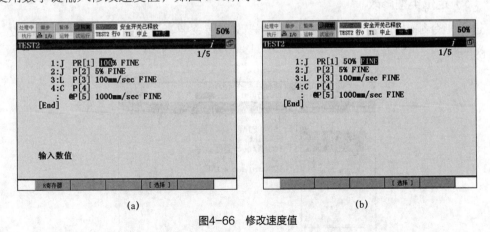

(a) (b)

图4-66 修改速度值

（4）速度单位修改。

进入指令编辑界面，将光标移到需要修改的指令要素选项，进行关节动作指令速度单位修改，如图4-67所示。

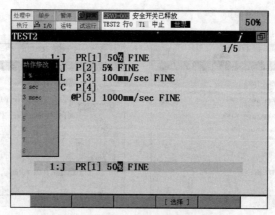

图4-67　关节动作指令速度单位修改

动作类型为直线动作指令速度单位修改，如图4-68所示。

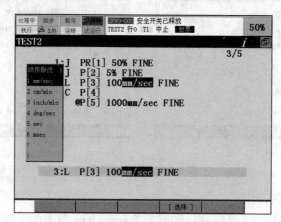

图4-68　直线动作指令速度单位修改

（5）定位类型修改。

进入指令编辑界面，将光标移到需要修改的指令要素选项，进行定位类型修改，如图4-69所示。

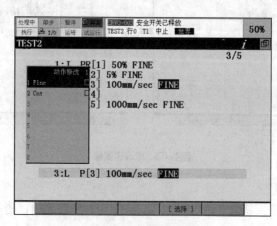

图4-69　定位类型修改

3. 修改圆弧动作指令

将圆弧动作更改为直线动作的主要步骤如下。

（1）进入指令编辑界面。

（2）将光标移到需要修改的圆弧动作类型处，按选择(F4【CHOICE】）键，显示动作类型选项，选择直线动作项，按回车（【ENTER】）键确认，圆弧动作修改为直线动作类型如图4-70所示。

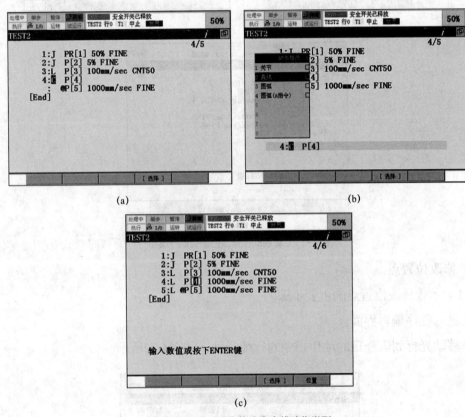

图4-70　圆弧动作修改为直线动作类型

注意：当圆弧动作指令被更改为关节或直线动作指令时，原动作语句会被分解成两个关节或直线动作语句，圆弧的经由点以及目标点的位置数据被保留，如图4-70（c）所示。

（3）将直线动作更改为圆弧动作类型的主要步骤如下。

① 进入编辑界面。

② 将光标移到需要修改的直线动作类型，按选择（F4【CHOICE】）键，显示动作类型选项，选择圆弧动作选项，按回车（【ENTER】）键确认，直线动作修改为圆弧动作类型如图4-71所示。

注意：当关节或直线动作被更改为圆弧动作时，圆弧目标点的位置数据为空，如图4-71（c）所示。

79

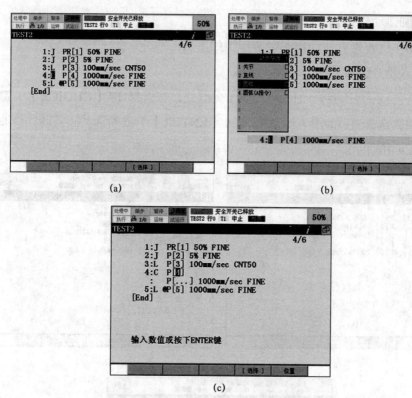

图4-71　直线动作修改为圆弧动作类型

4. 修改位置点

（1）示教修改位置点的主要步骤。

① 进入程序编辑界面。

② 移动光标到需修正的动作指令的行编号处，如图4-72所示。

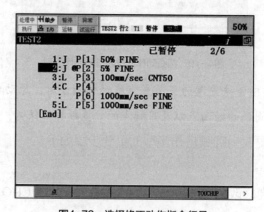

图4-72　选择修正动作指令行号

③ 示教工业机器人到所需的位置处。

④ 按点修正（【SHIFT】+F5【TOUCHUP】）键，当该行出现"@"符号时，表示位置信息已更新。

注意：有些版本的软件在更新位置信息时，当该行出现"@"符号时，屏幕下方出现Position has been recorded to P[2]（位置已记录至P[2]）。

（2）直接写入数据修改位置点的主要步骤。

① 进入程序编辑界面。

② 移动光标到要修正的位置编号处，如图4-73所示。

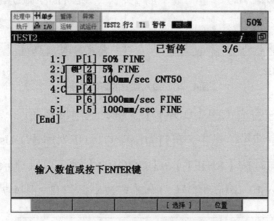

图4-73　程序编辑界面

③ 按位置（F5【POSITION】）键，显示位置数据子菜单，如图4-74所示。

④ 按形式（F5【REPRE】）键，切换位置数据类型，位置数据类型选择如图4-75所示。

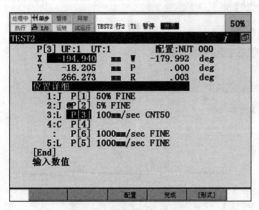

图4-74　位置数据子菜单

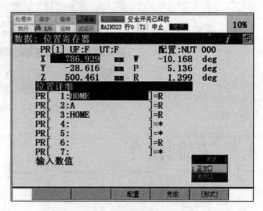

图4-75　位置数据类型选择

在图4-75中，正交（Cartesian）表示直角坐标系，关节（Joint）表示关节坐标系。默认显示的是直角坐标系下的数据。

⑤ 在直角坐标系下输入需要的新值如图4-76（a）所示，在关节坐标系下输入需要的新值如图4-76（b）所示。

注意：执行程序时，需要使当前的有效工具坐标系编号和用户坐标系编号与P[ ]点所记录的坐标信息一致。

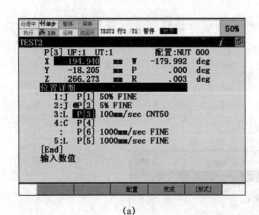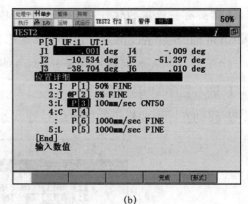

(a)　　　　　　　　　　　　　　(b)

图4-76　输入需要的新值界面

⑥ 修改完毕后，按完成（F4【DONE】）键，退出该界面。

当前有效的坐标系编号信息中，P[1]为位置号，UF为用户（User）坐标系，UT为工具（Tool）坐标系。同时按【SHIFT】+【COORD】键，可以显示或设置当前有效的用户（User）、工具（Tool）坐标系编号，当前有效坐标信息如图4-77所示。

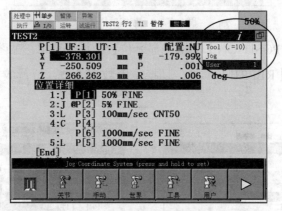

图4-77　当前有效坐标信息

4.3 控制指令

在工业机器人编程过程中，FANUC工业机器人通过控制指令实现工业机器人在整个系统中按照现场需求进行逻辑设定，从而实现工业机器人完整的动作。

4.3.1 控制指令简介

控制指令包括寄存器指令（Registers）、信号（I/O）指令、条件比较指令（IF）、条件选择指令（SELECT）、待命指令（WAIT）、跳转/标签指令（JMP LBL）、调用指令（CALL）、循环指令（FOR/ENDFOR）、位置补偿条件指令（OFFSET CONDITION PR[i]）、工具坐标系调用指令（UTOOL_NUM）、用户坐标系调用指令（UFRAME_

NUM）和其他指令。

4.3.2 控制指令说明

1. 寄存器指令

寄存器指令（Registers）支持＋、－、＊、／四则运算和多项式。常用的寄存器类型包括数值寄存器和位置寄存器，如图4-78所示。其中，i=1,2,3,…为寄存器号。

图4-78 寄存器类型

（1）数值寄存器。其类型如图4-79所示。其中，R[i]支持的运算如图4-80所示。

图4-79 寄存器类型

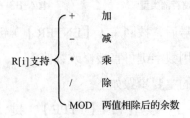

图4-80 R[i]支持的运算

（2）位置寄存器。其类型如图4-81所示。

图4-81 位置寄存器类型

位置寄存器是记录位置信息的寄存器，可以进行加减运算，用法与寄存器类似，位置寄存器位置信息表见表4-2。

表4-2　位置寄存器位置信息表

	直角坐标（Lpos）	关节坐标（Jpos）
j=1	X	J1
j=2	Y	J2
j=3	Z	J3
j=4	W	J4
j=5	P	J5
j=6	R	J6

（3）查看寄存器值。主要步骤如下。

① 依次按数据（【Data】）—类型（F1【TYPE】）键，出现内容如图4-82所示。

② 移动光标选择数值寄存器（【Registers】）选项，按回车（【ENTER】）键确认，如图4-83所示。

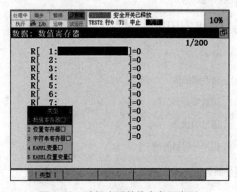

图4-82　选择查看数值寄存器类型　　图4-83　查看数值寄存器值

③ 把光标移至寄存器编号后，按回车（【ENTER】）键确认，输入注释。

④ 把光标移到值处，使用数字键可直接修改数值。

⑤ 查看位置寄存器的值的主要步骤如下。

a. 依次按数据（【Data】）—类型（F1【TYPE】）键，出现内容如图4-82所示。

b. 移动光标选择位置寄存器（【Position Reg】）选项，按回车（【ENTER】）键确认，如图4-84所示。

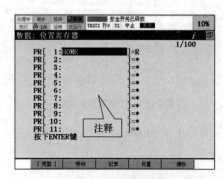

图4-84　查看位置寄存器值

⑥ 把光标移至寄存器号后，按回车（【ENTER】）键确认，输入注释。

⑦ 把光标移到选项处，按位置（F4【POSITION】）键，显示具体数据信息。若值显示为R，则表示记录具体数据，若值显示为＊，则表示未示教记录任何数据。

⑧ 按形式（F5【REPRE】）键，移动光标到所需要的选项，按回车（【ENTER】）键确认，或通过数字键，可以切换数据形式。切换数据形式界面如图4-85所示。其中，正交（Cartesian）表示直角坐标系，关节（Joint）表示关节坐标系。

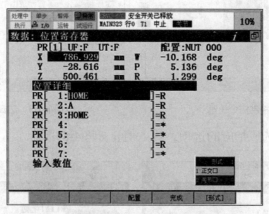

图4-85 切换数据形式界面

⑨ 把光标移至数据处，可以用数字键直接修改数据，如图4-86所示。

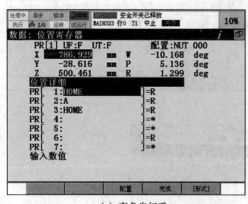

(a) 直角坐标系

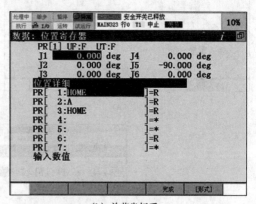

(b) 关节坐标系

图4-86 在直角、关节坐标系下修改数据

⑩ 在图4-86中，【UF:F】、【UT:F】表示可以在任何工具坐标系和用户坐标系中执行。

⑪ 程序中加入寄存器指令（Registers）的主要步骤如下。

a. 进入程序编辑界面。

b. 按指令（F1【INST】）键，显示控制指令一览，如图4-87所示。

⑫ 选择数值寄存器（【Registers】）选项，按回车（【ENTER】）键确认。

⑬ 选择所需要的指令格式，显示如图4-88所示，选择PR[ ]，按回车（【ENTER】）键确认。

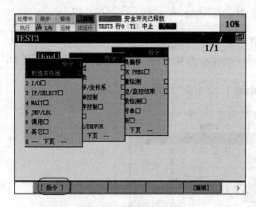

图4-87 控制指令一览

图4-88 选择指令格式

⑭ 根据光标位置选择相应的选项，输入值，如图4-89所示。

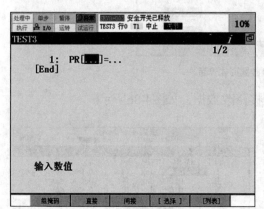

(a)

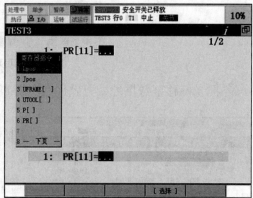

(b)

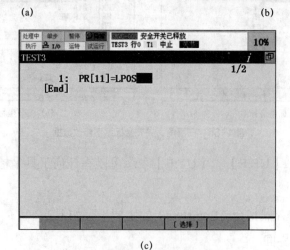

(c)

图4-89 程序插入寄存器指令

以下通过案例讲解寄存器指令的实际运用。

应用案例1：工业机器人工具从当前位置开始走边长为100 mm的正方形轨迹，如图4-90所示。

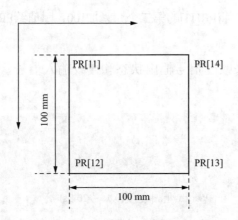

图4-90 工业机器人工具行走轨迹图

主要步骤提示如下。

创建程序：Test1。

进入程序编辑界面，按F1【INST】（指令）键。

程序1～7行：选择寄存器（【Registers】）选项，按回车（【ENTER】）键确认，进行指令框架选择。

程序8～12行：用（【SHIFT】+【POINT】）键记录任意位置后，把光标移到P[ ]处，通过选择（F4【CHOICE】）键，选择PR[ ]，并输入适当的寄存器位置号。

具体程序如下。

```
 1:  PR[11]=LPOS
 2:  PR[12]=PR[11]
 3:  PR[12,1]=PR[11,1]+100
 4:  PR[13]=PR[12]
 5:  PR[13,2]=PR[12,2]+100
 6:  PR[14]=PR[11]
 7:  PR[14,2]=PR[11,2]+100
 8:  J PR[11] 100% FINE
 9:  L PR[12] 2000mm/sec FINE
10:  L PR[13] 2000mm/sec FINE
11:  L PR[14] 2000mm/sec FINE
12:  L PR[11] 2000mm/sec FINE
[END]
```

程序说明如下。

PR[11]=LPOS（或JPOS），执行该行程序时，将工业机器人当前位置保存至PR[11]中，并且以直角（或关节）坐标形式显示出来。

PR[12,1]=PR[11,1]+100，将PR[11]的第一个元素加100，赋值给PR[12]的第一个元素。

PR[13,2]=PR[12,2]+100，将PR[12]的第二个元素加100，赋值给PR[13]的第二个元素。

PR[14,2]=PR[11,2]+100，将PR[11]的第二个元素加100，赋值给PR[14]的第二个元素。

2. 信号指令

信号（I/O）指令用来改变信号输出状态和接收输入信号。例如，数字信号（DI/DO）指令如下。

```
R[i] = DI[i]
DO[i] = (Value)
Value=ON 发出信号
Value=OFF 关闭信号
DO[i]=PULSE ,(Width)          Width=脉冲宽度(0.1 ～ 25.5s)
```

工业机器人信号（RI/RO）指令、模拟信号（AI/AO）指令、群组信号（GI/GO）指令的用法与数字信号指令类似，不做介绍。

程序中加入信号（I/O）指令的主要步骤如下。

（1）进入程序编辑界面。

（2）按指令（F1【INST】）键，显示控制指令一览，如图4-91所示。

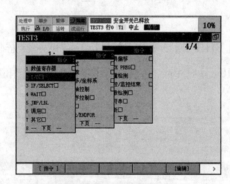

图4-91　控制指令一览

（3）选择信号（I/O）指令，按回车（【ENTER】）键确认，如图4-92所示。

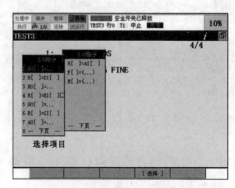

图4-92　选择信号（I/O）指令

（4）选择所需要的选项，按回车（【ENTER】）键确认。根据光标位置输入值或选择相应的项并输入值。

以下通过案例讲解程序插入信号指令的实际运用。

应用案例2：将工件从A位置搬到B位置，工件位置布局图如图4-93所示。

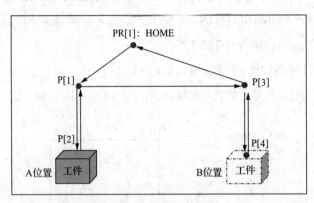

图4-93 工件位置布局图

具体程序如下。

```
1：J  PR[1：HOME]  100%  FINE
2：L  P[1]  2000mm/sec  CNT50
3：L  P[2]  2000mm/sec  FINE
4：RO[1]=ON          手爪关闭，抓取工件
5：WAIT 0.5sec
6：L  P[1]  2000mm/sec  CNT50
7：L  P[3]  2000mm/sec  CNT50
8：L  P[4]  2000mm/sec  FINE
9：RO[1]=OFF         手爪打开，放置工件
10：WAIT 0.5sec
11：L P[3] 2000mm/sec CNT50
12：J PR[1：HOME]  100%  FINE
   [END]
```

3. 条件比较指令

条件比较指令（IF）指的是若条件满足，则转移到所指定的跳跃指令或子程序调用指令；若条件不满足，则执行下一条指令。可以通过逻辑运算符"或（or）""与（and）"将多个条件组合在一起，但是"或（or）"和"与（and）"不能在同一行中使用。

例如，IF〈条件1〉and（条件2）and（条件3）是正确的；IF〈条件1〉and（条件2）or（条件3）是错误的。

举例1：IF R[1]<3，JMP LBL[1]，如果满足 R[1] 的值小于3的条件，则跳转到标签1处。

举例2：IF DI[1]=ON，CALL TEST，如果满足 DI[1]等于ON的条件，则调用程序TEST。

举例3：IF R[1]<=3 AND DI[1]〈 〉ON，JMP LBL[2]，如果满足R[1]的值小于等于3并且DI[1]不等于ON的条件，则跳转到标签2处。

举例4：IF R[1]>=3 OR DI[1]=ON，CALL TEST2，如果满足R[1]的值大于等于3或者DI[1]等于ON的条件，则调用程序TEST2。

以下通过案例讲解条件比较指令的实际运用。

应用案例3：工业机器人工具按照图4-94所示循环轨迹图循环三次。

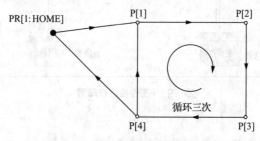

图4-94　循环轨迹图

具体程序如下。

```
1：J PR[1：HOME] 100% FINE
2：R[1]=0                        寄存器清零
3：LBL[1]                        标签1
4：L P[1] 1000mm/sec FINE
5：L P[2] 1000mm/sec FINE
6：L P[3] 1000mm/sec FINE
7：L P[4] 1000mm/sec FINE
8：R[1]=R[1]+1                   计算运行次数
9：IF R[1]<3,JMP LBL[1]          R[1]小于3，跳至标签1
10：J PR[1：HOME] 100% FINE
[END]
```

4．条件选择指令

条件选择指令（SELECT）指的是根据寄存器的值转移到所指定的跳跃指令或子程序调用指令。具体程序如下。

```
SELECT R[i] = (Value) (Processing)
            = (Value) (Processing)
            = (Value) (Processing)
            ELSE    (Processing )
```

注意：

Value：值为R[ ]或常数(Constant)

Processing：行为为JMP LBL [i] 或Call(program)

只能用寄存器进行条件选择。

例如：

SELECT R[1]=1，CALL TEST1　满足条件R[1]=1，调用TEST1程序

　　　　　=2，JMP LBL[1]　满足条件R[1]=2，跳转到LBL[1]执行程序

　　　　　ELSE，JMP LBL[2]　否则，跳转到LBL[2]执行程序

通过图4-95所示工业机器人工作流程框图，编写工业机器人程序。

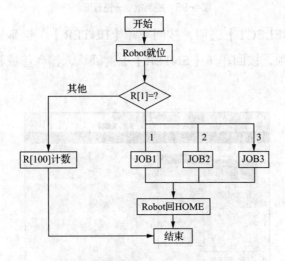

图4-95　工业机器人工作流程框图

具体程序如下。

```
1：J  PR[1：HOME]  100%  FINE
2：L  P[1]  2000mm/sec  CNT50
3：SELECT R[1] =1，CALL JOB1
4：        =2，CALL JOB2
5：        =3，CALL JOB3
6：            ELSE，JMP LBL[10]
7：L  P[1]  2000mm/sec  CNT50
8：J  PR[1：HOME]  100%  FINE
9：END
10：LBL[10]
11：R[100]=R[100]+1
[END]
```

程序中加入条件比较/选择指令【IF/SELECT】的主要步骤如下。

（1）进入程序编辑界面。

（2）按指令（F1【INST】）键，显示控制指令一览界面，如图4-96所示。

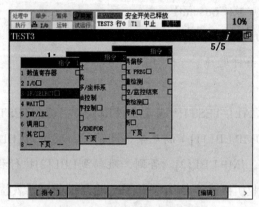

图4-96 控制指令一览界面

（3）选择【IF/SELECT】选项，按回车（【ENTER】）键确认，结果如图4-97所示。选择所需要的选项，按回车（【ENTER】）键确认，输入值或移动光标位置选择相应的选项输入值。

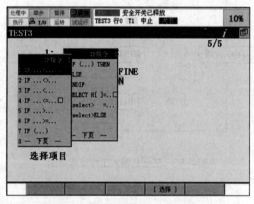

图4-97 条件选择指令输入界面

5. 待命指令

待命指令（WAIT）指的是在指定的时间或条件得到满足之前使程序的执行待命，等待指令列表见表4-3。

表 4-3　等待指令列表

变量（Variable）	运算符（Operator）	值（Value）	超时 TIMEOUT LBL[i]
Constant	>	Constant	
R[i]	>=	R[i]	
AI/AO	=	ON	
GI/GO	<=	OFF	
DI/DO	<		
UI/UO	<>		

待命指令可以通过逻辑运算符"或（or）"和"与（and）"将多个条件组合在一起，但是"或（or）"和"与（and）"不能在同一行使用。

当程序在运行中遇到不满足条件的等待语句时，会一直处于等待状态，需要人工干预时，可以通过按功能（【FCTN】）键后，选择解除等待（【RELEASE WAIT】）指令跳过等待语句，并在下个语句处等待。

程序等待指定时间。

> WAIT 2.00 sec　　　　　等待2s后，程序继续往下执行

程序等待指定信号，如果信号不满足，程序将一直处于等待状态。

> WAIT DI[1]=ON　　　　　等待DI[1]信号为"ON"，否则工业机器人程序一直停留在本行

程序等待指定信号，如果信号在指定时间内不满足，程序将跳转至标签，超时时间由参数$WAITTMOUT指定，参数指令在其他指令中。

> $WAITTMOUT=200　　　　超时时间为2s
> WAIT DI[1]=ON TIMEOUT，LBL[1]　　等待DI[1]信号为"ON"，若2s内信号没有变为"ON"，则程序跳转至标签1

应用案例4：以下通过案例讲解待命指令（WAIT）的实际运用，工业机器人动作流程如图4-98所示。

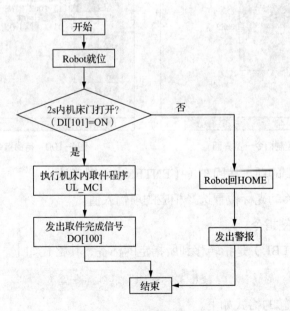

图4-98　工业机器人动作流程

具体程序如下。

```
1：J  PR[1：HOME]  100%  FINE
2：L  P[1]  2000mm/sec  CNT50
3：L  P[2]  2000mm/sec FINE
4：$WAITTMOUT=200
5：WAIT DI[101]=ON TIMEOUT，LBL[999]  等待机床门开信号
6：CALL  UL_MC1        机床内取件程序
7：DO[100]=ON
8：END
9：LBL [999]
10：L P[1] 2000mm/sec CNT50
11：L PR[1：HOME] 2000mm/sec FINE
12：UALM[1]              用户报警
[END]
```

程序中加入待命指令（【WAIT】）的主要步骤如下。

（1）进入程序编辑界面。

（2）按指令（F1【INST】）键，显示控制指令一览界面，如图4-99所示。

（3）选择待命（【WAIT】）选项，按回车（【ENTER】）键确认，显示如图4-100所示待命指令编辑界面。

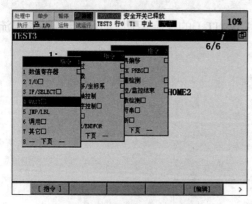

图4-99 控制指令一览界面   图4-100 待命指令编辑界面

（4）选择所需要的项，按回车（【ENTER】）键确认。

（5）输入值或移动光标位置选择相应的项输入值。

6. 跳跃指令/标签指令

跳跃指令（JMP LBL）是指转移到所指定的标签，其格式如下。

JMP LBL [i]	i：1 to 32766	（跳转到标签i处）

例如，无条件跳转的格式如下。

JMP LBL[10]

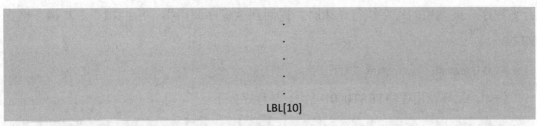

.
.
.
.
.

LBL[10]

有条件跳转的格式如下。

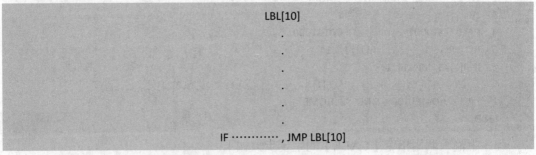

LBL[10]
.
.
.
.
.
.

IF ·········· , JMP LBL[10]

标签指令（LBL [i]）是用来表示程序的转移目的地的指令，其格式如下。

LBL [i : Comment]　　　　i : 1 to 32766;

其中，注解（Comment）最多16个字符。

程序中输入跳跃/标签指令【JMP/LBL】的主要步骤如下。

（1）进入程序编辑界面。

（2）按指令（F1【INST】）键，显示跳跃/标签指令选择界面，如图4-101所示。

（3）选择跳跃/标签指令【JMP/LBL】选项，按回车（【ENTER】）键确认，显示如图4-102所示跳跃/标签指令编辑界面。

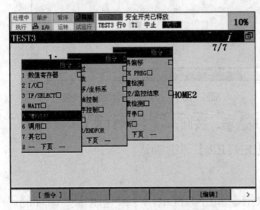

图4-101　跳跃/标签指令选择界面

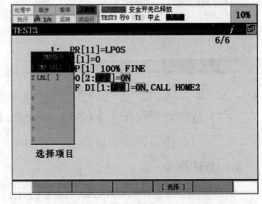

图4-102　跳跃/标签指令编辑界面

（4）选择所需要的选项，按回车（【ENTER】）键确认。

7. 调用指令

程序调用指令（CALL）是使程序的执行转移到其他程序（子程序）的第1行后执

行该程序。被调用的程序执行结束时，返回到主程序调用指令后的指令。其指令格式如下。

Call (Program)　　　Program：程序名

例如，循环调用程序TEST0001三次。其程序如下。

```
1：R[1]=0                此处，R[1]表示计数器，R[1]的值应先清零
2：J P[1：HOME] 100% FINE    回HOME点
3：LBL[1]                  标签1
4：CALL TEST0001      调用程序TEST0001
5：R[1]=R[1]+1            R[1]自加1
6：IF R[1]<3,JMP LBL[1]
                          如果R[1]小于3，那么光标跳转至LBL[1]处，执行程序
7：J P[1：HOME] 100% FINE    回HOME点
[END]
```

程序中输入调用指令【CALL】的主要步骤如下。

（1）进入程序编辑界面。

（2）按指令（F1【INST】）键，显示程序调用指令选择界面，如图4-103所示。

（3）选择调用指令（【CALL】）选型，按回车（【ENTER】）键确认，结果如图4-104所示。

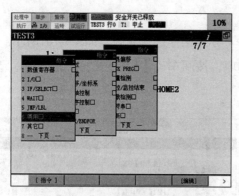

图4-103　程序调用指令选择界面　　　　　图4-104　程序调用指令编辑界面

（4）选择调用程序（【CALL program】）选项，按回车（【ENTER】）键确认。

（5）再选择所调用的程序名，按回车（【ENTER】）键确认。

8．循环指令

循环指令（FOR/ENDFOR）是通过用FOR指令和ENDFOR指令来包围需要循环的区间，根据由FOR指令指定的值确定循环的次数，其指令格式如下。

FOR R[i]=（value）TO （value）
FOR R[i]=（value）DOWNTO （value）
Value：值为R[]或Constant（常数），范围为-32 767 ~ 32 766的整数

例如，循环5次执行轨迹，其工业机器人程序如下。

```
1：FOR R[1]=1 TO 5
2：L P[1] 100mm/sec CNT100
3：L P[2] 100mm/sec CNT100
4：L P[3] 100mm/sec CNT100
5：ENDFOR
```

程序中输入循环指令【FOR/ENDFOR】的主要步骤如下。

（1）进入程序编辑界面。

（2）按指令（F1【INST】）键，显示循环指令选择界面，如图4-105所示。

（3）选择循环指令（【FOR/ENDFOR】）选项，按回车（【ENTER】）键确认，结果如图4-106所示。

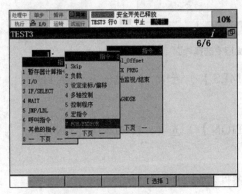

图4-105　循环指令选择界面　　　　图4-106　程序循环指令编辑界面

（4）选择循环（【FOR】）选项，按回车（【ENTER】）键确认。

（5）输入值或移动光标位置选择相应的项输入值。

9. 位置补偿条件指令

通过位置补偿条件指令（位置补偿指令）（OFFSET CONDITION PR[i]，偏移条件PR[i]）可以将原有的点偏移，偏移量由位置寄存器决定。位置补偿条件指令一直有效到程序运行结束或者下一个位置补偿条件指令被执行（注：位置补偿条件指令只对包含有控制动作指令偏移（OFFSET）的动作语句有效）。

例如：

```
1：OFFSET CONDITION PR[1]
2：J P[1] 100% FINE
3：L P[2] 500mm/sec FINE offset
```

又如：

```
1：J P[1] 100% FINE
2：L P[2] 500mm/sec FINE offset，PR[1]
```

97

程序中加入位置补偿条件指令（OFFSET CONDITION PR[i]）/位置补偿指令（OFFSET）指令的主要步骤如下。

（1）进入程序编辑界面。

（2）按指令（F1【INST】）键，显示位置补偿指令选择界面，如图4-107所示。

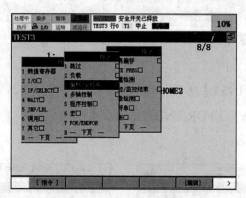

图4-107　位置补偿指令选择界面

（3）选择偏移/坐标系（【OFFSET/FRAMES】）选项，按回车（【ENTER】）键确认。

（4）选择偏移条件（【OFFSET CONDITION】）选项，按回车（【ENTER】）键确认。

（5）选择【PR[ ]】选项，并输入偏移的条件编号。

注意：具体的偏移值可设置，依次按数据（【DATA】）—位置寄存器（【Position Reg】）键，偏移值数据设置界面如图4-108所示。

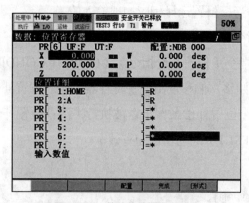

图4-108　偏移值数据设置界面

以下通过案例讲解位置补偿条件指令/位置补偿指令的实际运用。

应用案例5：工业机器人从PR[1]出发，执行正方形轨迹，并最终返回PR[1]。该过程循环三次，第一次在1号区域，第二次在2号区域，第三次在3号区域。案例轨迹示意图如图4-109所示。

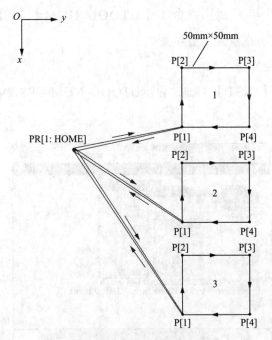

图4-109　案例轨迹示意图

具体程序如下。

1：J PR[1：HOME] 100%　FINE	PR_INITIAL：
2：OFFSETCONDITION PR[20]	1：PR[20]=LPOS
3：CALL PR_INITIAL	2：PR[20,1]=0
4：LBL[1]	3：PR[20,2]=0
5：L P[1] 2000mm/sec FINE offset	4：PR[20,3]=0
6：L P[2] 2000mm/sec FINE offset	5：PR[20,4]=0
7：L P[3] 2000mm/sec FINE offset	6：PR[20,5]=0
8：L P[4] 2000mm/sec FINE offset	7：PR[20,6]=0
9：L P[1] 2000mm/sec FINE offset	
10：J PR[1：HOME] 100% FINE	
11：PR[20,1]=PR[20,1]+60　偏移量S坐标累加60 mm	
12：R[1]=PR[20,1]	
13：IF R[1]<=120，JMP LBL[1]	
[END]	

10. 工具坐标系调用指令/用户坐标系调用指令

工具坐标系调用指令（UTOOL_NUM）可改变当前所选的工具坐标系编号。用户坐标系调用指令（UFRAME_NUM）可改变当前所选的用户坐标系编号。

例如：

1：UTOOL_NUM=1	程序执行该行时，当前TOOL坐标系编号会被激活为1号
2：UFRAME_NUM=2	程序执行该行时，当前USER坐标系编号会被激活为2号

程序中加入工具坐标系调用指令（【UTOOL_NUM】）/用户坐标系调用指令（【UFRAME_NUM】）指令的主要步骤如下。

（1）进入程序编辑界面。

（2）按指令（F1【INST】）键，显示UTOOL_NUM/UFRAME_NUM指令选择界面，如图4-110所示。

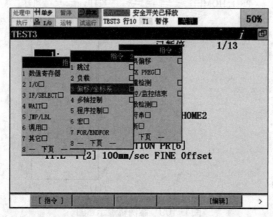

图4-110　UTOOL_NUM/UFRAME_NUM指令选择界面

（3）选择偏移/坐标系（【Offset/Frames】），按回车（【ENTER】）键确认，结果如图4-111所示。

（4）选择工具坐标系编号（【UTOOL_NUM】）或用户坐标系编号（【UFRAME_NUM】）选项，按回车（【ENTER】）键确认，如图4-112所示。

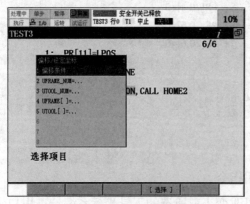

图4-111　UTOOL_NUM/UFRAME_NUM
指令编辑界面（1）

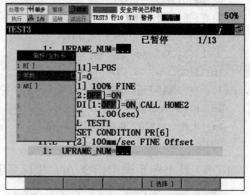

图4-112　UTOOL_NUM/UFRAME_NUM
指令编辑界面（2）

注意：在图4-112中，选择工具坐标系编号（【UTOOL_NUM】）值的类型或用户坐标系编号（【UFRAME_NUM】）值的类型,并按回车（【ENTER】）键确认，输入相应的值（工具坐标系编号为1～10；用户坐标系编号为0～9）。

下面通过案例讲解工具坐标系调用指令（【UTOOL_NUM】）/用户坐标系调用指

令（【UFRAME_NUM】）的实际运用。

应用案例6：在程序前后位置点使用不同的坐标系号，如图4-113所示。

```
P[1] UF:1  UT:1          配置:NUT 000
X   1624.299   mm   W   180.000  deg
Y      0.000   mm   P    -8.640  deg
Z   1087.440   mm   R     0.000  deg


P[3] UF:0  UT:2          配置:NUT 000
X   1000.000   mm   W   180.000  deg
Y      0.000   mm   P    -8.640  deg
Z   1087.440   mm   R     0.000  deg
```

图4-113　程序前后位置点使用不同的坐标系号

具体程序如下。

```
1：UTOOL_NUM=1
2：UFRAME_NUM=1
3：J P[1] 20% CNT20
4：J P[2] 20% FINE
5：UTOOL_NUM=2
6：UFRAME_NUM=0
7：J P[3] 20% CNT20
8：J P[4] 20% CNT20
[END]
```

11. 其他指令

其他指令包括用户报警指令（【UALM[i]】）、计时器指令（【TIMER[i]】）、倍率指令（【OVERRIDE】）、注释指令（【!(Remark)】）、消息指令（【Message [message]】）、参数指令（【Parameter name】）。

程序中加入其他指令的主要步骤如下。

（1）进入程序编辑界面。

（2）按指令（F1【INST】）键，显示其他指令选择界面，如图4-114所示。

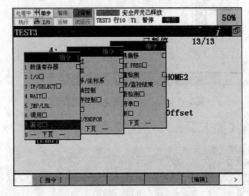

图4-114　其他指令选择界面

（3）选择其他（【Miscellaneous】）选项，按回车（【ENTER】）键确认，结果如图4-115所示界面。

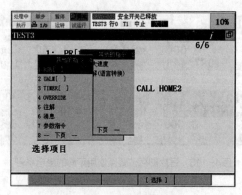

图4-115 其他指令编辑界面

（4）选择所需要的指令选项，按回车（【ENTER】）键确认，输入相应的值/内容。

用户报警指令其指令格式如下。

UALM[i]　　i：用户报警号

当程序中执行该指令时，工业机器人会报警并显示报警消息。

要使用该指令，首先设置用户报警。

依次按菜单（【MENU】）—设置（【SETUP】）类型—（F1【TYPE】）—用户报警（【User alarm】）键，即可进入用户报警指令设置界面，如图4-116所示。把光标移至该位置，按回车（【ENTER】）键后可输入报警内容。

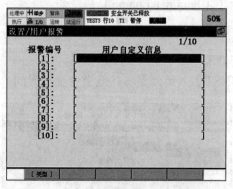

图4-116 用户报警指令设置界面

计时器指令其指令格式如下。

TIMER[i] =（Processing）i：　　　　计时器号 Processing：RESET，START，STOP， TIMER[1]=RESET　　　　　　　　计时器清零

```
TIMER[1]=START              计时器开始计时
.
.
.
TIMER[1]=STOP               计时器停止计时
```

查看计时器时间，其主要步骤如下。

依次按菜单（【MENU】）—下一页（【NEXT】）—状态（【STATUS】）—类型（F1【TYPE】）键，选择程序计时器（【Prg Timer】）选项，即可进入程序计时器一览显示界面，如图4-117所示。

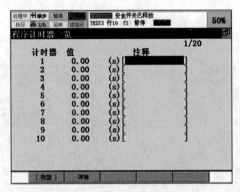

图4-117 程序计时器一览显示界面

速度倍率指令格式如下。

```
OVERRIDE=(value)%    value=1 to 100
```

注释指令格式如下。

```
! (Remark)
```

Remark：注解最多可以有32字符。

消息指令格式如下。

```
Message [message]
message：消息，最多可以有24字符
```

当程序中运行该指令时，屏幕中将会弹出含有message的界面。

参数指令格式如下。

```
Parameter name
$(参数名)=value      参数名需手动输入，value值为R[]、常数、PR[]
value=$(参数名)      参数名需手动输入，value值为R[]、PR[]
```

下面通过案例讲解其他指令的实际运用。

应用案例7：将工件从1号位置依次搬运至2、3、4号位置，工件放置位置图如图4-118所示。

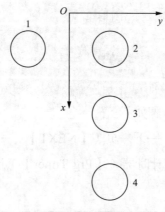

图4-118　工件放置位置图

具体程序如下。

```
1：TIMER[1]=RESET
2：TIMER[1]=START
3：UTOOL_NUM=1
4：UFRAME_NUM=1
5：OVERRIDE=30%
6：R[1]=0
7：PR[6]=LPOS
8：PR[6]=PR[6]-PR[6]
9：J PR[1：HOME] 100% FINE
10：RO[1]=ON
11：WAIT 0.5sec
12：LBL[1]
13：L P[1] 1000mm/sec FINE
14：L P[2] 1000mm/sec FINE
15：RO[1]=OFF
16：WAIT 0.5sec
17：L P[1] 1000mm/sec FINE
18：L P[3] 1000mm/sec FINE offset，PR[6]
19：L P[4] 1000mm/sec FINE offset，PR[6]
20：RO[1]=ON
21：L P[3] 1000mm/sec FINE offset，PR[6]
22：R[1]=R[1]+1
23：PR[6,1]=PR[6,1]+60
24：IF R[1]<3, JMP LBL[1]
25：J PR[1：HOME] 100% FINE
26：Message [PART1 FINISH]
27：TIMER[1]=STOP
28：! PART1 FINISHED
[END]
```

本 章 小 结

本章系统地讲解了FANUC工业机器人编程界面风格，讲述了指令编辑（EDCMD）中插入（Insert）、删除（Delete）、复制/剪切（Copy/Cut）、查找（Find）、替换（Replace）等菜单命令功能和使用的基本步骤，重点讲述了动作指令、控制指令的要素组成和使用条件，并通过实际案例说明各个指令的实际具体运用方法，掌握这些指令就可以完成较为复杂的工业机器人程序编写。

练 习 题

一、填空题

（1）动作指令指的是以指定的_____和_____使工业机器人向作业空间内的指定目标位置移动的指令。

（2）_____是指工具在两个目标点之间任意运动，不进行轨迹控制和姿势控制。

（3）当圆弧动作指令被更改为关节或直线动作指令时，原动作语句会被分解成_____关节或_____语句，圆弧的经由点以及目标点的_____被保留。

（4）执行程序时，需要使当前的有效_____和_____与P[ ]点所记录的坐标信息一致。

（5）动作参数替换中，_____将速度值替换为其他值；_____将定位类型替换为其他类型。

二、简答题

（1）控制指令包括哪些？

（2）如何在程序中加入寄存器指令？

三、实践题

从工业机器人当前任意位置开始走边长为80 mm的正方形轨迹。

第5章
通信信号

本章重点讲解工业机器人与周边设备的通信和信号配置，操作者通过作业指令程序以及传感器反馈的信号，支配工业机器人的执行机构去完成规定的运动和功能。

5.1 信号分类

FANUC工业机器人的通信信号主要分为两类，即通用信号和专用信号，这与ABB、KUKA和YASKAWA工业机器人基本相似。

5.1.1 通用信号

通用信号都是可编辑的，包括数字信号（DI/DO 512/512）、模拟信号（AI/AO 0～16383）和组信号（GI/GO 0～32767）。

1. 数字信号

（1）数字输入信号。数字输入信号用DI[i]表示，其中i的最大值为512。

（2）数字输出信号。数字输出信号用DO[i]表示，其中i的最大值为512。

2. 模拟信号

（1）模拟输入信号。模拟输入信号用AI[i]表示，其中i为0～16383。

（2）模拟输出信号。模拟输入信号用AO[i]表示，其中i为0～16383。

3. 组信号

（1）群组输入信号。群组输入信号用GI[i]表示，其中i为0～32767。

（2）群组输出信号。群组输出信号用GO[i]表示，其中i为0～32767。

5.1.2 专用信号

专用信号是工业机器人自身内部的物理编号，已经被固定化。专用信号主要包含外围设备信号（UI/UO 18/20）、操作面板信号（SI/SO 15/15）和工业机器人专用信号（RI/RO 8/8）。

1. 外围设备信号

（1）系统输入信号。系统输入信号用UI[i]表示，其中i为1～18。

（2）系统输出信号。系统输出信号用UO[i]表示，其中i为1～20。

2. 操作面板信号

（1）操作面板输入信号。操作面板输入信号用SI[i]表示，其中i为1～15。

（2）操作面板输出信号。操作面板输出信号用SO[i]表示，其中i为1～15。

3. 工业机器人专用信号

（1）工业机器人输入信号。工业机器人输入信号用RI[i]表示，其中i为1～8。

（2）工业机器人输出信号。工业机器人输出信号用RO[i]表示，其中i为1～8。

5.2 信号控制

信号控制主要包括信号配置、信号强制输出和仿真输入/输出三个方面，下面分别进行说明。

5.2.1 信号配置

信号配置是建立工业机器人的软件端口与通信设备间的关系。操作面板输入/输出SI[i]/SO[i]和工业机器人输入/输出RI[i]/RO[i]为硬线连接，不需要配置。

信号配置主要步骤如下（以数字输出为例）。

（1）依次按菜单（【MENU】）—信号（【I/O】）—类型（F1【Type】）—数字（【Digital】）键，信号配置界面如图5-1所示，按输入/输出（F3【IN/OUT】）键可切换到RI界面。

（2）按定义（F2【CONFIG】）键，进入输出信号配置界面，如图5-2所示。

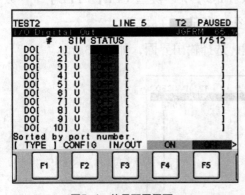

图5-1 信号配置界面

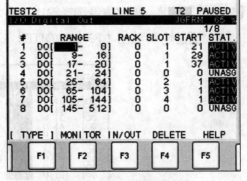

图5-2 输出信号配置界面

（3）按输入/输出（F3【IN/OUT】）键，可在输入/输出间切换。

（4）按清除（F4【DELETE】）键，删除光标所在项的分配。

（5）按帮助（F5【HELP】）键，查看相关说明。

（6）按状态一览（F2【MONITOR】）键，可返回上级界面。

其中，输出信号配置如下。

① RANGE（范围）。软件端口的范围，可设置。

② RACK。I/O通信设备种类。

a. 0 = Process I/O board。

b. 1至16 = I/O Model A/B。

c. 48=CRMA15/CRMA16。

③ SLOT。I/O模块的数量。

a. 使用Process I/O板时，按与主板的连接顺序定义SLOT号。

b. 使用I/O Model A/B时，SLOT号由每个单元所连接的模块顺序确定。

c. 使用CRMA15/CRMA16时，SLOT号为1。

④ START（开始点）。对应于软件端口的I/O设备起始信号位。

⑤ STAT（状态）。

a. 激活。ACTIVE。

b. 未分配。UNASG。

c. 需要重启生效。PEND。

d. 无效。INVALID。

5.2.2 信号强制输出

信号强制输出指的是给外部设备手动强制输出信号。

信号强制输出步骤（以数字输出为例）如下。

（1）依次按菜单（【MENU】）—信号（【I/O】）—类型（F1【TYPE】）—数字（【Digital】）键，输出信号选择输出界面如图5-1所示。

（2）通过输入/输出（F3【IN/OUT】）键，选择输出界面，如图5-3所示。

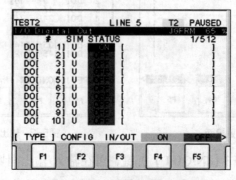

图5-3 输出信号选择输出界面

（3）移动光标到要强制输出信号的STATUS（状态）处。

（4）按开（F4【ON】）键，强制输出；按关（F5【OFF】）键，强制关闭。

5.2.3 仿真输入/输出

仿真输入/输出功能可以在不和外部设备通信的情况下内部改变信号的状态。这一功能可以在外部设备没有连接好的情况下检测信号语句。

仿真输入/输出步骤（以数字输入为例）如下。

（1）依次按菜单（【MENU】）—信号（【I/O】）—类型（F1【TYPE】）—数字（【Digital】）键。

（2）通过输入/输出（F3【IN/OUT】）键，选择输入界面，仿真信号输入/输出信号选择界面如图5-4所示。

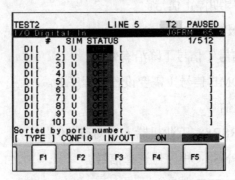

图5-4 仿真信号输入/输出信号选择界面

（3）移动光标至要仿真信号的仿真（SIM）选项处。

（4）按仿真（F4【SIMULATE】）键进行仿真，仿真信号选择界面如图5-5所示。

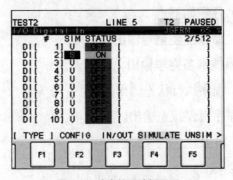

图5-5 仿真信号选择界面

（5）把光标移到STATUS（状态）选项，按开（F4【ON】）键或关（F5【OFF】）键切换信号状态。

（6）移动光标至要仿真信号的仿真（SIM）选项处，按解除（F5【UNSIM】）键取消仿真。

5.3 系统信号

系统信号（UOP）是工业机器人发送给和接收自远端控制器或周边设备的信号，工业机器人通过发送接收系统信号，可以实现选择、开始和停止程序，从报警状态中恢复系统和其他功能。

5.3.1 系统输入信号

系统输入信号（UI）分配如下。

UI[1]　IMSTP：紧急停机信号（正常状态：ON）。

UI[2]　Hold：暂停信号（正常状态：ON）。

UI[3]　SFSPD：安全速度信号（正常状态：ON）。

UI[4]　Cycle Stop：周期停止信号。

UI[5]　Fault reset：报警复位信号。

UI[6]　Start：启动信号（信号下降沿有效）。

UI[7]　Home：回HOME 信号（需要设置宏程序）。

UI[8]　Enable：使能信号。

UI[9～16]　RSR1～RSR8：工业机器人启动请求信号。

UI[9～16]　PNS1～PNS8：程序号选择信号。

UI[17]　PNSTROBE：PNS滤波信号。

UI[18]　PROD_START：自动操作开始（生产开始）信号（信号下降沿有效）。

5.3.2 系统输出信号

系统输出信号（UO）分配如下。

UO[1]　CMDENBL：命令能使信号输出。

UO[2]　SYSRDY：系统准备完毕输出。

UO[3]　PROGRUN：程序执行状态输出。

UO[4]　PAUSED：程序暂停状态输出。

UO[5]　HELD：暂停输出。

UO[6]　FAULT：错误输出。

UO[7]　ATPERCH：工业机器人就位输出。

UO[8]　TPENBL：示教器使能输出。

UO[9]　BATALM：电池报警输出（控制柜电池电量不足，输出为ON）。

UO[10]　BUSY：处理器忙输出。

UO[11~18] ACK1~ACK8：证实信号，当RSR输入信号被接收时，输出一个相应的脉冲信号。

UO[11~18] SNO1~SNO8：该信号组以8位二进制码表示相应的当前选中的PNS程序号。

UO[19]　SNACK：信号数确认输出。

UO[20]　Reserved：预留信号。

5.4　基准点

基准点（Ref Position）是一个基准位置，工业机器人在这一位置时通常远离工件和周边的机器。当工业机器人在基准点时，会同时发出信号给其他远端控制设备（如PLC），根据此信号，远端控制设备可以判断工业机器人是否在规定位置。

5.4.1　基准点概述

FANUC工业机器人最多可以设置三个基准点，即基准点1、基准点2和基准点3。当工业机器人在基准点1位置时，系统指定的UO[7]（ATPERCH）将发送信号给外部设备，但到达其他基准点位置的输出信号需要定义。当工业机器人在基准点位置时，相应的基准点1、基准点2和基准点3可以用数字输出（DO）和工业机器人输出（RO）给外部设备发送信号。

5.4.2　设置基准点

基准点的设置主要步骤如下。

（1）依次按菜单（【MENU】）—设置（【SETUP】）—类型（F1【TYPE】）—基准点（【REF POSN】）键，进入基准点设置界面，如图5-6所示。

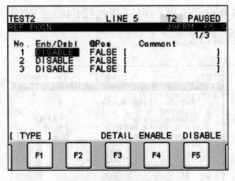

图5-6　基准点设置界面

（2）按细节（F3【DETAIL】）键，显示基准点参数设置详细界面，如图5-7所示。

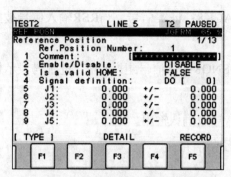

图5-7　基准点参数设置详细界面

（3）输入注释，将光标置于注释行，按回车（【ENTER】）键确认，基准点注释界面如图5-8所示，通过移动光标，选择以何种方式输入注释。按相应的F1～F5键输入注释；输入完毕后，按回车（【ENTER】）键退出。

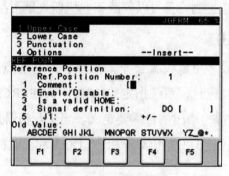

图5-8　基准点注释界面

（4）将光标移至第3项，设置是否为有效HOME（Is a valid HOME）位置（基准位置确认）。

（5）将光标移至第4项信号，定义：指定当工业机器人到达该基准点时，发出信号的端口。

（6）当光标移至图5-9所示位置，可以通过按F4键或F5键在数字输出（DO）和工业机器人输出（RO）间切换端口类型。

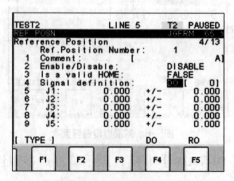

图5-9　切换端口类型

（7）当光标移至图5-10所示位置时，可以通过示教器上的数字键输入端口号，端口号为0则无效。

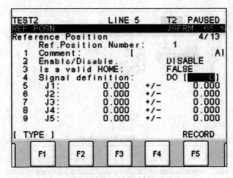

图5-10　输入端口号

（8）把光标移到J1~J6轴的设置选项，按记录位置（【SHIFT】+F5【RECORD】）键，工业机器人的当前位置被作为基准点记录下来；或者把光标移到J1~J6轴的设置选项，将可以直接输入基准点的关节坐标数据。数据为允许的误差范围，一般不为0。示教基准点设置界面如图5-11所示。

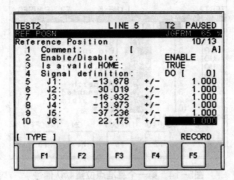

图5-11　示教基准点设置界面

（9）基准点指定后，按前一页（【PREV】）键返回上一级。

（10）为使基准点有效/失效，把光标移至有效/无效（【ENABLE/DISABLE】）选项，然后按相应的功能键（F4键或F5键），REF POSN有效/失效设置如图5-12所示。

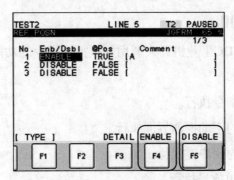

图5-12　REF POSN有效/失效设置

（11）若基准点有效，当系统检测到工业机器人在基准点位置时，则相应的@Pos选项变为TRUE（内），@Pos选项设置如图5-13所示。

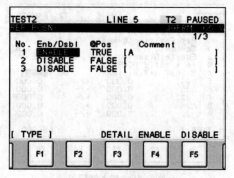

图5-13　@Pos选项设置

（12）若在系统定义过信号口，则当系统检测到工业机器人在基准点位置时，相应的信号置于"ON"。对于第一个基准点位置，有默认的信号UO[7]，第一个基准点位置默认信号如图5-14所示。

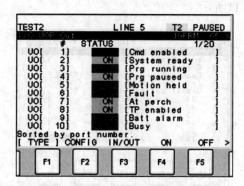

图5-14　第一个基准点位置默认信号

5.5　宏MACRO

宏指令指的是若干程序指令集合在一起作为一个指令来记录。

5.5.1　宏指令调用

在编程过程中，FANUC工业机器人调用并执行该指令的功能宏指令有以下几种应用方式。

（1）作为程序中的指令执行。

（2）通过示教器上的手动操作界面执行。

（3）通过示教器上的用户键执行。

（4）通过DI、RI、UI信号执行。

5.5.2 设置宏指令

1. 宏指令的设备定义

宏指令可以用下列设备定义。

MF[1]～MF[99]可用MANUAL FCTN菜单定义。

UK[1]～UK[7]可用工业机器人示教器用户键1～7定义。

SU[1]～SU[7]可用用户键1～7+【SHIFT】键定义。

DI[1]～DI[99]可用控制柜扩展板数字输入信号定义。

RI[1]～RI[8]可用工业机器人本体输入信号定义。

2. 宏指令的设置

宏程序的创建与普通程序一样，其主要步骤如下。

（1）按菜单（【MENU】）键，选择设定（【SETUP】）选项。

（2）按类型（F1【TYPE】）键，选择宏指令（【Macro Command】）选项，宏指令界面如图5-15所示。

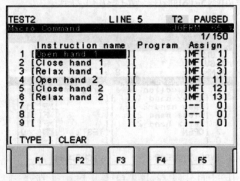

图5-15 宏指令界面

（3）移动光标到宏指令名（【Instruction name】）选项，按回车（【ENTER】）键确认，宏指令名输入如图5-16所示。

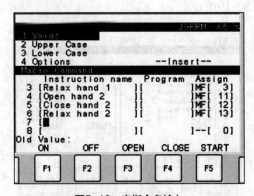

图5-16 宏指令名输入

（4）移动光标选择输入类型，用F1～F5输入字符，为宏指令命名。

（5）移动光标到程序（【Program】）选项，按选择（F4【CHOICE】）键，宏指令程序选择如图5-17所示。

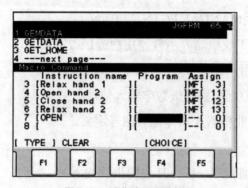

图5-17 宏指令程序选择

（6）选择需要的程序，按回车（【ENTER】）键确认。

（7）移动光标到定义（【Assign】）选项"--"处，按选择（F4【CHOICE】）键，宏指令执行方式选择如图5-18所示，选择执行方式。

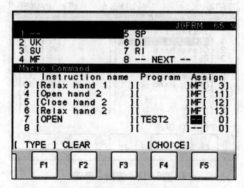

图5-18 宏指令执行方式选择

（8）选择好执行方式后，移动光标到定义（【Assign】）选项"[ ]"处，用数字键输入对应的设备号，如图5-19所示。

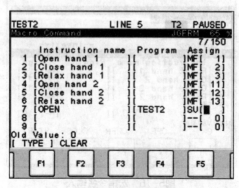

图5-19 设备号输入

（9）设置完毕，可以按照所选择的方式执行宏指令。

3. 执行宏指令

当工业机器人示教器开关置于"ON"，模式开关选择T1/T2模式时，有如下执行宏指令方法。

（1）执行宏指令方法一。

MF[1]~MF[99]执行宏指令，其主要步骤如下。

依次按菜单（【MENU】）—手动操作功能（【MANUAL Macros】）键，出现图5-20所示手动操作功能界面，选中要执行的宏程序，按（【SHIFT】+F3【EXEC】）键启动。

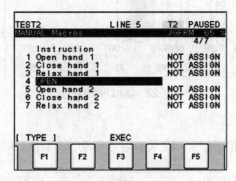

图5-20 手动操作功能界面

（2）执行宏指令方法二。

UK[1]~UK[7]执行宏指令，可以使用示教器用户键1~7，如图5-21所示。

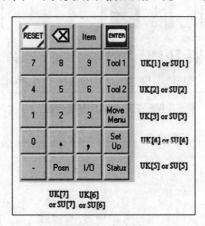

图5-21 用户键

按相应的用户键即可启动，一般情况下，UK都是在出厂前被定义的，具体功能见示教器键帽上的标识。

（3）执行宏指令方法三。

SU[1]~SU[7]执行宏指令，可以使用示教器用户键1~7+【SHIFT】键，如图5-21所示，按【SHIFT】+相应的用户键即可启动。

当工业机器人示教器开关置于"OFF"，模式开关选择AUTO模式时，有如下执行宏指令方法。

（1）执行宏指令方法一。

光标移动至DI[1]～DI[99]选项，输入DI信号启动，如图5-22所示。

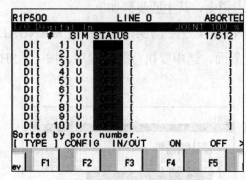

图5-22　输入DI信号启动

（2）执行宏指令方法二。

光标移动至RI[1]～RI[8]选项，输入RI信号启动，如图5-23所示。

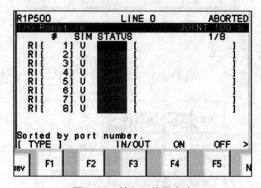

图5-23　输入RI信号启动

（3）执行宏指令方法三。

作为程序指令执行。

5.6　自动运行

在工业机器人编程过程中，操作者可以通过工业机器人发送和接收外部控制设备信号的输入、输出来选择和执行工业机器人程序，以此实现工业机器人自动运行。

5.6.1　自动运行执行条件

工业机器人程序自动运行，需要满足如下执行条件。

（1）示教器开关置于"OFF"。

（2）非单步执行状态。

（3）模式开关选择AUTO挡。

（4）自动模式为REMOTE（外部控制）。

（5）UI信号有效（ENABLE UI SIGNAL）选项：有效（TRUE）。

第（4）、（5）项条件的设置步骤如下。

依次按菜单（【MENU】）—下一个（0【NEXT】）—系统设定（6【SYSTEM】）—类型（F1【TYPE】）—主要设定（【CONFIG】）键，将设定控制方式（【Remote/Local SETUP】）选项设为Remote，将UI信号有效（ENABLE UI SIGNAL）选项设为有效（TRUE）。

（6）UI[1]~UI[3]选项设为"ON"。

（7）UI[8]*ENBL选项设为"ON"。

（8）系统变量$RMT_MASTER为0（默认值为0）。

参数设置步骤如下。

依次按菜单（【MENU】）—下一个（0【NEXT】）—系统设定（6【SYSTEM】）—类型（F1【TYPE】）—系统参数（【VARIABLES】）键，按需求选定$RMT_MASTER选项。

注意：系统变量$RMT_MASTER可定义下列远端设备。

0定义为外围设备。

1定义为显示器/键盘。

2定义为主控计算机。

3定义为无外围设备。

5.6.2 RSR自动运行方式

RSR自动运行方式是通过工业机器人启动请求信号（RSR1~RSR8）选择和开始程序。其主要特点是，当一个程序正在执行或中断时，被选择的程序处于等待状态，一旦原先的程序停止，就开始运行被选择的程序。

RSR自动运行方式只能选择8个程序。

RSR的程序命名要求如下。

（1）程序名必须为7位。

（2）由RSR + 4位程序号组成。

（3）程序号=RSR程序号码+基准号码（不足以0补齐）。

例如，程序名RSR0001。

RSR自动运行方式设置步骤如下。

（1）依次按菜单（【MENU】）—设置（【SETUP】）—类型（F1【TYPE】）—程序选择（【Prog Select】）键，结果如图5-24所示，将光标置于界面中的第1项程序选择方式（1 Program select mode:）选项上，按选择（F4【CHOICE】）键选择"RSR"，并根据提示信息重启工业机器人。

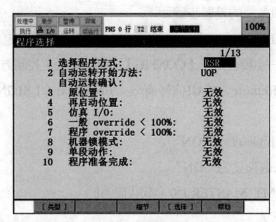

图5-24 程序选择

（2）按细节（F3【DETAIL】）键，进入RSR设置界面，如图5-25所示。

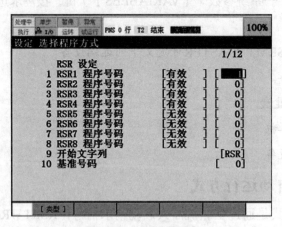

图5-25 RSR设置界面

（3）光标移到程序号码处，输入数值，并将无效（DISABLE）改成有效（ENABLE）。

（4）光标移到基准号码处，输入基准号码（可以为0）。

例如，创建程序名为RSR0001的程序。

（1）依次按菜单（【MENU】）—信号（【I/O】）—类型（F1【TYPE】）—控制信号（【UOP】）键，并通过输入/输出（F3【IN/OUT】）键选择输入界面。

（2）系统信号UI[9]置于"开"，UI[9]对应RSR1，RSR1的程序号码为1，基准号码为0，如图5-26所示。

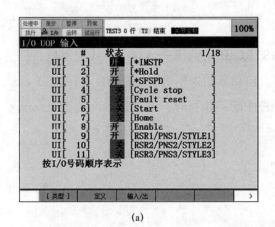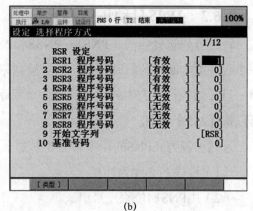

(a)　　　　　　　　　　(b)

图5-26　RSR1参数设置

例如，按照RSR程序命名要求，选择的程序为RSR0001，如图5-27所示。

```
如：
条件：基准号码=0

           RSR程序号码      程序号      RSR程序名
RSR 1 ON    RSR 1  1
RSR 2       RSR 2  0
RSR 3  ⇒    RSR 3  0    ⇒   0001   ⇒   RSR0001
RSR 4       RSR 4  0
```

图5-27　RSR1程序命名要求

RSR程序启动时序图（RSR）如图5-28所示。

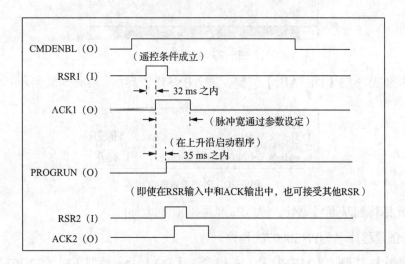

图5-28　RSR程序启动时序图（RSR）

5.6.3 PNS自动运行方式

程序号码选择信号（PNS1～PNS8和PNSTROBE）选择一个程序，其主要特点是当一个程序被中断或执行时，这些信号被忽略。自动开始操作信号（PROD_START），从第一行开始执行被选中的程序，当一个程序被中断或执行时，这个信号不被接收，最多可以选择255个程序。

远端控制方式PNS的程序命名要求如下。

（1）程序名必须为7位。

（2）由PNS+4位程序号组成。

（3）程序号=PNS号+基准号码（不足的用0补齐）。

PNS自动运行方式设置步骤如下。

（1）依次按菜单（【MENU】）—设置（【SETUP】）—类型（F1【TYPE】）—程序选择（【Prog Select】）键，如图5-29所示，将光标置于界面中的第1项选择程序方式（1 Program select mode：）选项上，按选择（F4【CHOICE】）键选择"PNS"，并根据提示信息重启工业机器人。

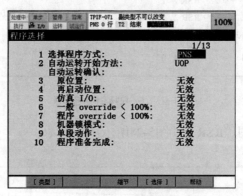

图5-29　程序选择

（2）按细节（F3【DETAIL】）键，进入PNS设置界面，如图5-30所示。

图5-30　PNS设置界面

（3）光标移到基准号码处，输入基准号码（可以为0）。

例如，创建程序名为PNS0007的程序。

（1）依次按菜单（【MENU】）—信号（【I/O】）—类型（F1【TYPE】）—控制信号（UOP）键，并通过输入/输出（F3【IN/OUT】）选择输入界面，控制信号输入界面如图5-31所示。

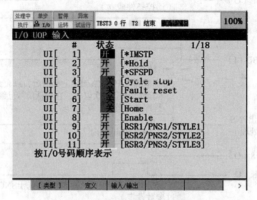

图5-31　控制信号输入界面

（2）系统信号UI[9]置于开（ON），UI[10]置于开（ON），UI[11]置于开（ON），如图5-31所示，对应PNS号为7。

（3）按照PNS程序命名要求，选择的程序为PNS0007，如图5-32与图5-33所示。

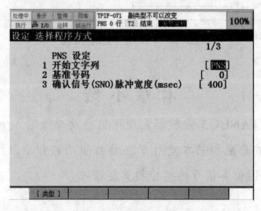

图5-32　选择程序方式

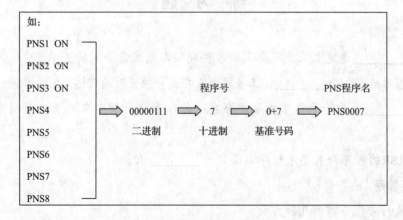

图5-33　PNS程序命名要求

PNS程序启动时序图如图5-34所示。

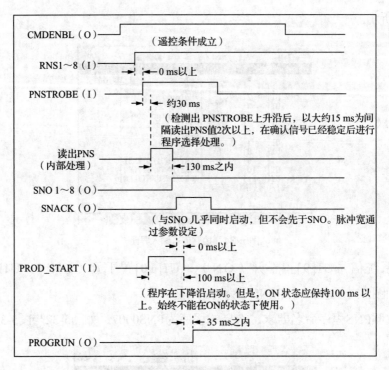

图5-34　PNS程序启动时序图

本 章 小 结

本章系统地讲解了FANUC工业机器人通用信号及专用输入/输出信号、信号分配以及工业机器人I/O信号的分配和基本使用方法,详细说明宏指令及程序自动运行的使用方法,为工业机器人与外围设备信号连接控制奠定基础。

练 习 题

一、填空题

（1）_____是建立工业机器人的软件端口与通信设备间的关系。

（2）基准点是一个_____,工业机器人在这一位置时通常远离工件和周边的机器。

（3）_____是若干程序指令集合在一起作为一个指令来记录,而调用并执行该指令的功能。

（4）RSR的程序命名要求程序名必须为_____位。

二、简答题

（1）执行宏指令有哪几种方式?

（2）FANUC工业机器人自动启动程序的条件是什么?

第6章
文件备份和加载

本章主要讲解工业机器人程序文件的备份和加载，防止工业机器人系统文件误删除或损坏后，重新编写工业机器人程序和设置系统参数，进而提高生产现场效率。

6.1 文件备份和加载设备

工业机器人在生产现场编程过程中，通常在进行操作前要先备份工业机器人系统。备份的对象是所有正在系统内存运行的程序和系统参数，备份系统文件是具有唯一性的。当工业机器人系统无法启动或重新安装新系统时，可以将已经备份的系统文件加载到原来的工业机器人中进行恢复，否则会造成系统故障。文件备份和加载如图6-1所示。

图6-1 文件备份和加载

6.1.1 控制器

FANUC工业机器人R-30iB控制器的备份和加载方式为USB方式。控制器USB位置示意图如图6-2所示。

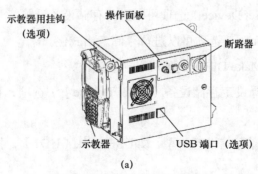

(a)

图6-2 控制器USB位置示意图

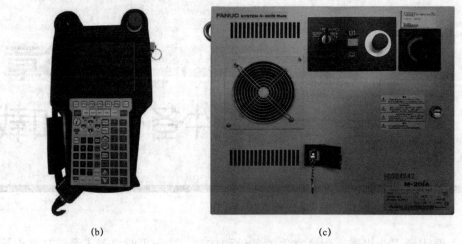

(b)　　　　　　　　　　　　　　(c)

图6-2　控制器USB位置示意图（续）

6.1.2　USB设置

1. 选择USB储存器文件

选择USB储存器文件的主要步骤如下。

（1）把储存卡插入示教器或控制柜USB端口，如图6-2（b）、（c）所示。

（2）依次按菜单（【MENU】）—文件（7【FILE】）—功能（F5【UTIL】）键，结果如图6-3所示。

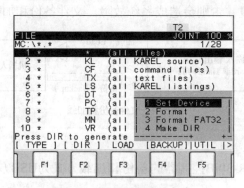

图6-3　储存器设置界面（1）

（3）设定装置（Set Device）选项可以进行存储设备设置。

（4）格式化（Format）选项可以进行存储卡格式化。

（5）制作目录（Make DIR）选项可以建立文件夹。

（6）移动光标选择设定存储设备（【Set Device】）选项，按回车（【ENTER】）键确认，如图6-4所示。

（7）移动光标选择存储设备类型，如USB Disk（UD1），按回车（【ENTER】）键确认，如图6-5所示。

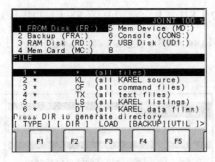

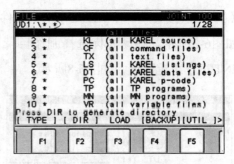

图6-4 储存器设置界面（2）　　　图6-5 储存器设置界面（3）

2. 格式化存储卡

（1）格式化存储卡主要步骤如下。

依次按菜单（【MENU】）—文件（7【FILE】）—功能（F5【UTIL】）键，结果如图6-3所示。光标移动选择格式化（Format）选项，进行存储卡格式化，按回车（【ENTER】）键确认，如图6-6所示。

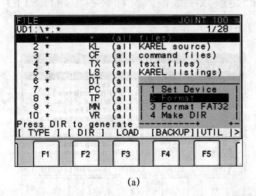

(a)

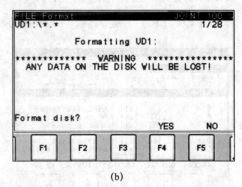

(b)

图6-6 选择储存器格式化

（2）按是（F4【YES】）键确认格式化，如图6-7所示。移动光标选择输入类型，用F1~F5键输入卷标，或直接按回车（【ENTER】）键确认。

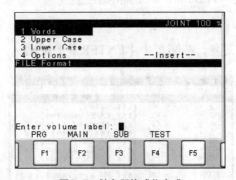

图6-7 储存器格式化完成

3. 新建文件夹

新建文件夹主要步骤如下。

（1）依次按菜单（【MENU】）—文件（7【FILE】）—功能（F5【UTIL】）键，结果如图6-3所示。移动光标选择制作目录（Make DIR）选项，建立文件夹，按回车（【ENTER】）键确认，如图6-8所示。

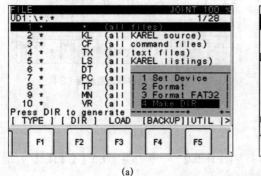
(a)

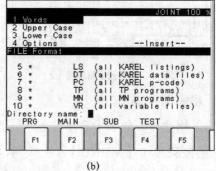
(b)

图6-8　新建文件夹选择

（2）移动光标选择输入类型，用F1～F5键或数字键输入文件夹名（如TEST1），按回车（【ENTER】）键确认，如图6-9（a）所示。

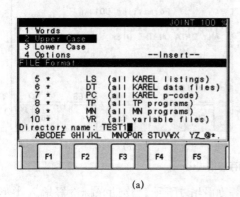
(a)

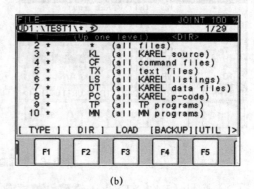
(b)

图6-9　新建文件夹名称编辑

（3）当前路径UD1:\TEST1\，把光标移至返回上一目录（Up one level）行，如图6-9（b）所示，按回车（【ENTER】）键确认，可退回前一个目录。新建文件夹完成如图6-10所示，选择文件夹名，按回车（【ENTER】）键确认，即可进入该文件夹。

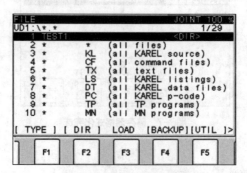

图6-10　新建文件夹完成

6.1.3　文件备份及加载类型

FANUC工业机器人控制柜文件备份及加载主要使用的文件类型如下。

（1）程序文件。其文件类型为（*.TP）。

（2）默认的逻辑文件。其文件类型为（*.DF）。

（3）系统文件。其文件类型为（*.SV），用来保存系统设置。

（4）I/O配置文件。其文件类型为（*.I/O），用来保存I/O配置。

（5）数据文件。其文件类型为（*.VR），用来保存诸如寄存器数据。

6.2　文件备份

工业机器人文件备份主要采用文件独立备份和文件镜像备份两种方式，这两种方式存在一定的区别，在生产现场进行工业机器人文件备份时可以灵活选择操作。

6.2.1　文件独立备份

文件独立备份是把工业机器人的文件独立备份出来，可以根据需要选择文件或将所有的文件备份出来，若只备份*.TP程序文件，那么备份在储存器中的都是独立的程序文件。

文件独立备份主要步骤如下。

（1）依次按菜单（【MENU】）—文件（7【FILE】）—回车（【ENTER】）—功能（F5【UTIL】）键，选择设定存储设备（【Set Device】）选项，选择存储设备类型，如选择目前路径UD1：\TEST1\，按回车（【ENTER】）键确认，确认当前的外部存储设备（如USB设备）。

（2）按备份（F4【BACKUP】）键，备份文件如图6-11所示。

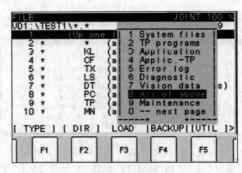

图6-11　备份文件

文件独立备份选项如下。

① System files。系统文件。

② TP programs。TP示教程序。

③ Application。应用文件。

④ Applic.-TP。TP应用文件。

⑤ Error log。报警文件。

⑥ Diagnostic。诊断文件。

⑦ Vision data。视觉数据。

⑧ All of above。以上所有。

⑨ Maintenance。维护数据。

⑩ next page。下一页。

⑪ ASCII program。系统ASCII程序。

（3）光标选择图6-11中以上所有（【All of above】）选项，按回车（【ENTER】）键确认，选择备份文件条件如图6-12所示。

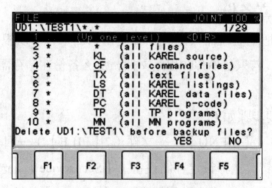

图6-12　选择备份文件条件

（4）在图6-12所示界面中，在文件备份前删除UD1:\TEST1，按是（F4【YES】）键。备份文件选择如图6-13所示，是否备份所有，按是（F4【YES】）键。

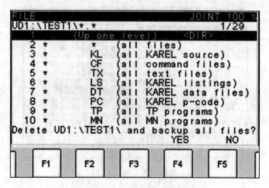

图6-13　备份文件选择

（5）文件备份完成，如图6-14所示。

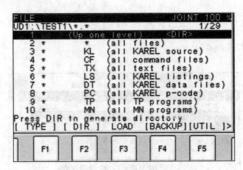

图6-14 备份文件完成

6.2.2 文件镜像备份

文件镜像备份是把工业机器人的所有文件打包，备份到储存器中，备份文件成为打包一体的文件数据。

文件镜像备份主要步骤如下。

（1）依次按菜单（【MENU】）—文件（7【FILE】）—回车（【ENTER】）—功能（F5【UTIL】）键，选择设定存储设备（【Set Device】）选项，选择存储设备类型，如选择目前路径UT1：\IMG\，按回车（【ENTER】）键确认，确认当前的外部存储设备（如USB设备），选择文件如图6-15所示。

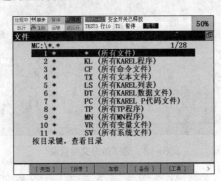

图6-15 选择文件

（2）按备份（【F4】）键，菜单选择备份文件如图6-16所示。

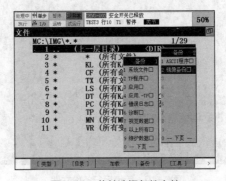

图6-16 菜单选择备份文件

（3）移动光标选择下一页，选择镜像备份文件，按回车（【ENTER】）键确认，选择备份文件如图6-17所示。

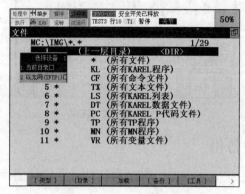

图6-17　选择备份文件

（4）移动光标选择当前目录，按回车（【ENTER】）键确认，选择备份文件目录如图6-18所示。

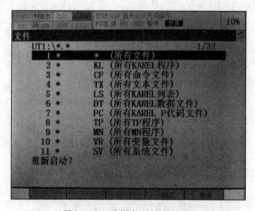

图6-18　选择备份文件目录

（5）按确认（【F4】）键开始备份，等待运行备份文件如图6-19所示。

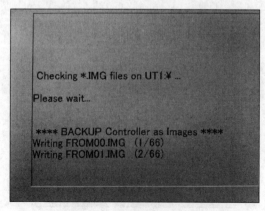

图6-19　等待运行备份文件

（6）文件镜像备份完成，按确认（【F4】）键，如图6-20所示。

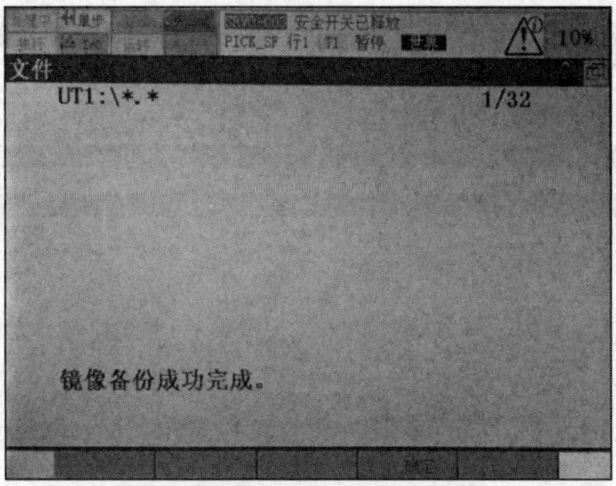

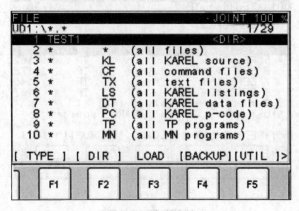

图6-20 文件镜像备份完成

6.3 文件加载

由于工业机器人文件备份采取的文件独立备份和文件镜像备份的方式不同，因此文件加载也有区别。

6.3.1 独立备份文件加载

文件独立备份是把工业机器人的文件独立备份出来，文件加载是把备份的独立文件加载在工业机器人中，其他文件就可以不用加载。

独立备份文件加载主要步骤如下。

（1）依次按菜单（【MENU】）—文件（7【FILE】）—回车（【ENTER】）—功能（F5【UTIL】）键，选择设定存储设备（【Set Device】）选项，选择存储设备类型，如选择目前路径UD1：\TEST1\，按回车（【ENTER】）键确认，确认当前的外部存储设备（如USB设备），加载文件如图6-21所示。本次以加载TP程序为例。

图6-21 加载文件

（2）按一览（F2【DIR】）键，选择文件类型如图6-22所示。

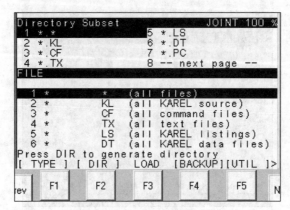

图6-22　选择文件类型

（3）移动光标选择下一页（【next page】）选项，按回车（【ENTER】）键确认，如图6-23（a）所示；移动光标选择示教程序（【TP】）选项，按回车（【ENTER】）键确认，如图6-23（b）、图6-23（c）所示。

（4）移动光标选择加载的文件，如图6-23（c）所示。

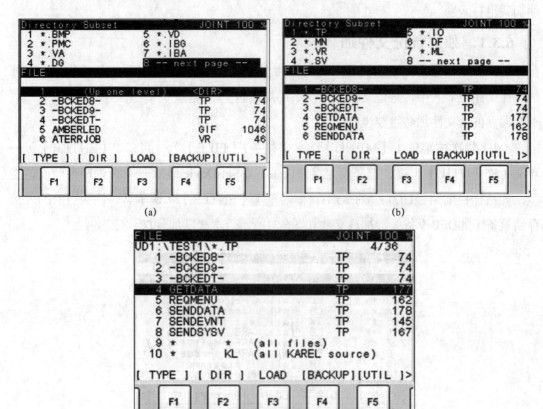

(a)　　　　　　　　　　　　　　(b)

(c)

图6-23　选择文件类型

（5）按载入（F3【LOAD】）键，按是（F4【YES】）键，选择加载文件如图6-24所示。

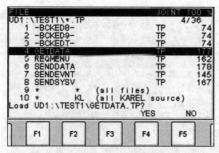

图6-24 选择加载文件

（6）文件加载完成，如图6-25所示。

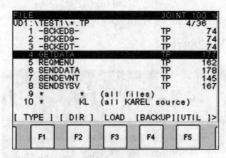

图6-25 文件加载完成

6.3.2 镜像备份文件加载

镜像备份文件是打包的文件数据，文件加载只是把所有的文件全部加载回去，不能实现单独文件加载。

镜像备份文件加载主要步骤如下。

（1）首先将工业机器人控制柜关机，再按住示教器上的F1键和F5键，将控制柜开机（F1键和F5键的含义：恢复/镜像备份文件，初始化，紧急备份），确认当前的外部存储设备（如USB设备），开机按键如图6-26所示。

图6-26 开机按健

（2）按键输入4，选择控制器备份/恢复（【Controller backup/restore 】）选项，镜像备份显示如图6-27所示。

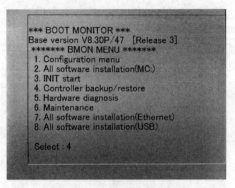

图6-27　镜像备份显示

（3）按键输入3，选择恢复控制器备份文件（【Restore Controller Images】）选项，镜像备份文件恢复如图6-28所示。

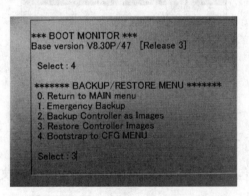

图6-28　镜像备份文件恢复

（4）按键输入3，选择U盘或者存储卡插在控制柜上（【USB(UDI:)】）选项，镜像备份文件接口如图6-29所示。

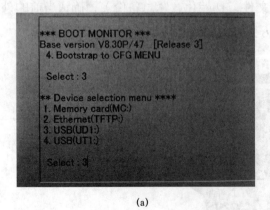

(a)

(b)

图6-29　镜像备份文件接口

（5）按键输入4，选择镜像备份文件储存的文件名称（【M】）选项，镜像备份文件名称如图6-30所示。

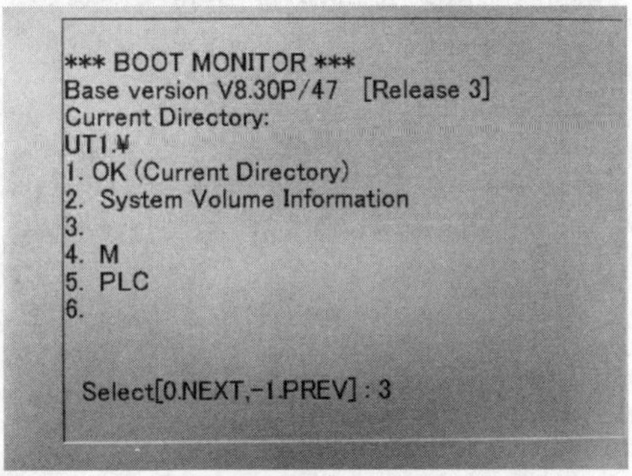

```
*** BOOT MONITOR ***
Base version V8.30P/47   [Release 3]
Current Directory:
UT1.¥
1. OK (Current Directory)
2.  System Volume Information
3.
4.  M
5.  PLC
6.

Select[0.NEXT,-1.PREV] : 3
```

图6-30　镜像备份文件名称

（6）按键输入1，确认选择当前目录（【OK】）选项，选择镜像备份文件目录如图6-31所示。

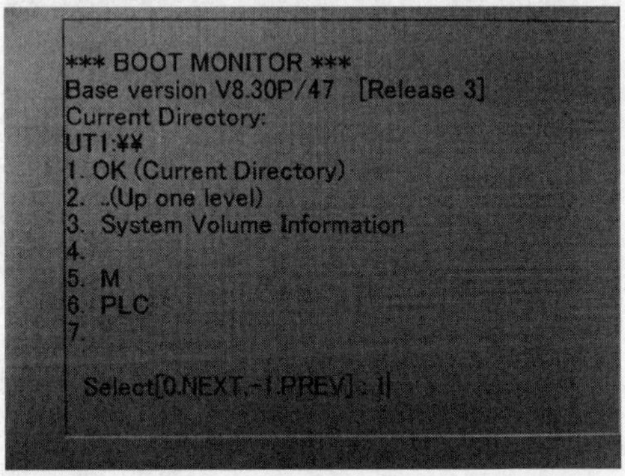

```
*** BOOT MONITOR ***
Base version V8.30P/47   [Release 3]
Current Directory:
UT1:¥¥
1. OK (Current Directory)
2.  ..(Up one level)
3.  System Volume Information
4.
5.  M
6.  PLC
7.

Select[0.NEXT,-1.PREV] : 1
```

图6-31　选择镜像备份文件目录

（7）按键输入1，选择确认还原镜像备份文件（【Y】）选项，是否镜像备份文件还原如图6-32所示。

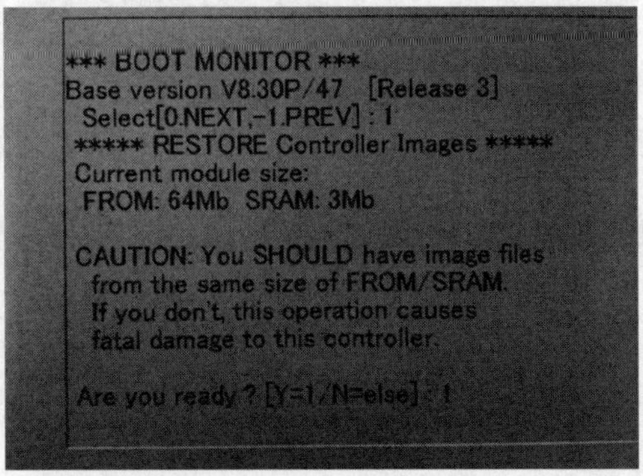

```
*** BOOT MONITOR ***
Base version V8.30P/47   [Release 3]
 Select[0.NEXT,-1.PREV] : 1
***** RESTORE Controller Images *****
Current module size:
 FROM: 64Mb  SRAM: 3Mb

CAUTION: You SHOULD have image files
 from the same size of FROM/SRAM.
 If you don't, this operation causes
 fatal damage to this controller.

Are you ready ? [Y=1/N=else] : 1
```

图6-32　是否镜像备份文件还原

（8）等待镜像备份恢复完成，如图6-33所示。

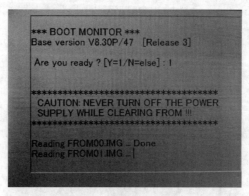

图6-33　镜像备份文件中

（9）等待镜像备份恢复完成，如图6-34所示。

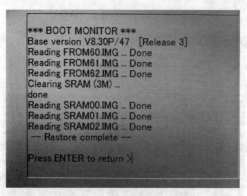

图6-34　镜像备份文件

（10）镜像备份恢复完成，按回车（【ENTER】）键返回，如图6-35所示。

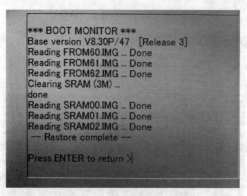

图6-35　镜像备份文件完成

本 章 小 结

本章重点讲解了工业机器人程序的备份与加载。一般来说，在工业机器人生产现场编程过程中，通常要对所有正在系统内存运行的程序和系统参数进行备份，防止工业机器人系统文件误删除或损坏后再次编写工业机器人程序和设置系统参数，影响生产现场效率。备份系统文件是具有唯一性的，只能将备份文件加载到原来的工业机器人中去，否则会造成系统故障。

练 习 题

一、填空题

（1）备份系统文件具有_____性，只能将备份文件加载到原来的工业机器人中去，否则会造成系统故障。

（2）FANUC工业机器人R-30iB控制器的备份/加载方式为_____方式。

（3）FANUC工业机器人控制柜文件备份及加载主要使用的文件类型有_____、_____、_____、_____和_____。

（4）FANUC工业机器人控制柜文件备份及加载使用的I/O配置文件类型为_____，用来保存I/O配置。

（5）FANUC工业机器人控制柜文件备份及加载使用的数据文件类型为_____，用来保存诸如寄存器数据。

二、简述题

（1）简述工业机器人系统文件备份主要步骤。

（2）简述工业机器人系统文件加载主要步骤。

第7章
零点复归

本章主要讲解工业机器人零点复归（Mastering）的基本定义，系统讲解工业机器人零点复归（Mastering）的常用方式，并对工业机器人常见的系统报警进行消除，保证工业机器人达到正常使用状态。

7.1　零点复归定义

零点复归是将工业机器人的机械信息与位置信息同步，来定义工业机器人的物理位置。通常在出厂之前，工业机器人已经进行了零点复归，但是有时工业机器人还是有可能丢失零点数据，需要重新进行零点复归。

工业机器人在运动过程中，通过闭环伺服系统来控制本体的各运动轴。控制器输出控制命令来驱动每一个电机。装配在电机上的反馈装置——串行脉冲编码器（SPC）将信号反馈给控制器。在工业机器人操作过程中，控制器不断地分析反馈信号，修改命令信号，从而在整个过程中一直保持工业机器人的正确位置和移动速度。

控制器必须"知晓"每个轴的位置，以使工业机器人能够准确地按原定位置移动。控制器是通过比较操作过程中读取的串行脉冲编码器的信号与工业机器人上已知的机械参考点信号的不同来达到这一目的的，零点复归原理图如图7-1所示。零点复归记录了已知机械参考点的串行脉冲编码器的读数，这些零点复归数据与其他用户数据一起保存在控制器存储卡中，在关电后，这些数据由主板电池维持。

当工业机器人控制器正常关电时，每个串行脉冲编码器的当前数据将保留在串行脉冲编码器中，由工业机器人上的后备电池供电维持（对P系列工业机器人来说，后备电池可能位于控制器上）。当控制器重新上电时，控制器将请求从串行脉冲编码器读取数据。当控制器收到串行脉冲编码器读取的数据时，伺服系统才可以正确操作，这个过程称为校准过程，校准在每次控制器开启时自动进行。

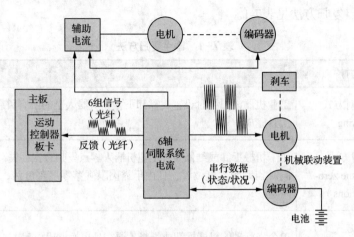

图7-1　零点复归原理图

如果工业机器人控制器关电，断开了串行脉冲编码器的后备电池电源，则上电时校准操作将失败，工业机器人唯一可能做的动作只有关节模式的手动操作。如果要恢复正确的操作，则必须对工业机器人进行重新零点复归与校准。

零点复归数据出厂时已经设置完毕，在正常情况下，没有必要做零点复归，但是只要发生以下情况之一，就必须执行零点复归。

（1）工业机器人执行一个初始化启动。

（2）SRAM（CMOS）备份电池的电压下降导致零点复归数据丢失。

（3）SPC备份电池的电压下降导致SPC脉冲记数丢失。

（4）在关机状态下卸下工业机器人底座电池盒盖子。

（5）更换电机。

（6）工业机器人的机械部分因为撞击导致脉冲记数不能指示轴的角度。

（7）编码器电源线断开。

（8）更换SPC。

（9）机械拆卸。

如果校准操作失败，则该轴的软限位将被忽略，工业机器人的移动可能超出正常范围。因此，在未校准的条件下移动工业机器人需要特别小心，否则将可能造成人身伤害或者设备损坏。

工业机器人的数据包括零点复归数据和串行脉冲编码器的数据，分别由各自的电池保持。如果电池没电，数据将会丢失。为防止这种情况发生，两种电池都要定期更换，当电池电压不足时，将有警告提醒用户更换电池。若因更换电池不及时或其他原因而出现SRVO-062 BZAL或SRVO-038 SVAL2 Pulse mismatch（Group:i Axis:j）报警时，需要重新做零点复归。

常用的零点复归方法见表7-1。

表7-1　零点复归方法

零点复归方法	解释
专门夹具核对方式（Jig mastering）	工业机器人出厂时设置，需卸下工业机器人上的所有负载，用专门的校正工具完成
零度点核对方式（Mastering at the zero-degree positions）	由于机械拆卸或维修导致工业机器人零点复归数据丢失，因此需要将六轴同时点动到零度位置，且由于靠肉眼观察零度刻度线，因此误差相对大一点
单轴核对方式（Single axis mastering）	单个坐标轴的机械拆卸或维修（通常是更换电机引起）
快速核对方式（Quick mastering）	因电器或软件问题导致丢失零点复归数据，恢复已经存入的零点复归数据作为快速示教调试式基准。如果因机械拆卸或维修导致工业机器人零点复归数据丢失，则不能采取此法 使用条件：在工业机器人正常时设置零点复归数据

7.2　零点复归方法

7.2.1　零度点核对方式

零度点核对方式（Mastering at the Zero-degree Positions）主要步骤如下。

（1）依次按菜单（【MENU】）—下一页（0【NEXT】）—系统（6【SYSTEM】）键，菜单选择如图7-2所示。

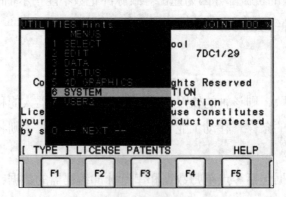

图7-2　菜单选择

（2）按回车（【ENTER】）键确认，结果如图7-3（a）所示，光标移动选择零度点调整（Master/Cal）界面，按回车（【ENTER】）键确认，结果如图7-3（b）所示。

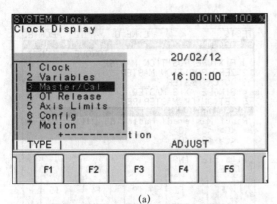

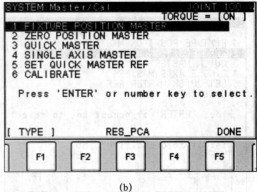

图7-3 选择零度点调整方式

（3）使用示教器运用关节坐标方式移动工业机器人每根轴，工业机器人每根轴都应与机械刻度零度位置对齐，如图7-4（a）所示，工业机器人六根机械轴都对齐后的位置姿态如图7-4（b）所示。

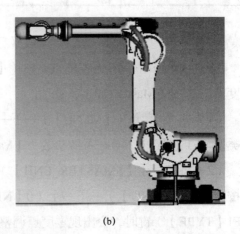

图7-4 零点复归姿态

（4）如图7-3（b）所示，移动光标选择零度点核对方式（2【ZERO POSITION MASTER】）选项，按回车（【ENTER】）键确认，选择零点复归如图7-5所示。

（5）如图7-5所示，按是（F4【YES】）键确认，移动光标选择校准（6【CALIBRATE】）选项，按回车（【ENTER】）键确认，零点复归确认如图7-6所示。

（6）如图7-6所示，按是（F4【YES】）键确认，按完成（F5【DONE】）键，隐藏零度点调整（Master/Cal）界面，如图7-7（a）所示。

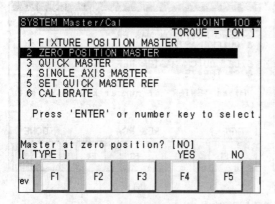

图7-5　选择零点复归

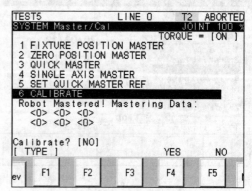

图7-6　零点复归确认

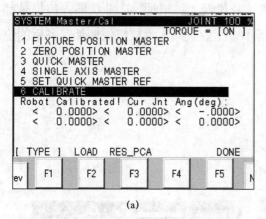

(a)

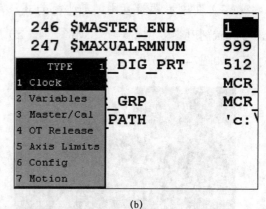

(b)

图7-7　零点复归完成

在图7-3（a）中，若无零度点调整（【Master/Cal】）选项，则按以下步骤操作显示零度点调整（【Master/Cal】）选项。

（1）依次按菜单（【MENU】）—下一个（0【NEXT】）—系统设定（【SYSTEM】）—类型（F1【TYPE】）—系统参数（【Variables】）键。

（2）将变量（【$MASTER_ENB】）选项的值改为1，如图7-7（b）所示，再次操作按菜单（【MENU】）—下一个（0【NEXT】）—系统设定（【SYSTEM】）—类型（F1【TYPE】）键时，会出现零度点调整（【Master/Cal】）选项。

7.2.2　单轴核对方式

单轴核对方式（Single Axis Mastering）主要步骤如下。

（1）依次按菜单（【MENU】）—下一页（0【NEXT】）—系统（6【SYSTEM】）键，系统 菜单如图7-8所示。

（2）按回车（【ENTER】）键确认，如图7-9（a）所示，光标移动选择零度点调整（Master/Cal）界面，按回车（【ENTER】）键确认，结果如图7-9（b）所示。

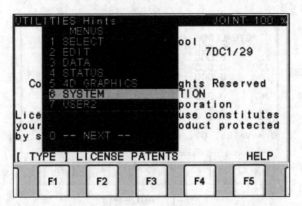

图7-8 系统菜单

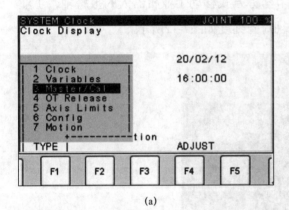 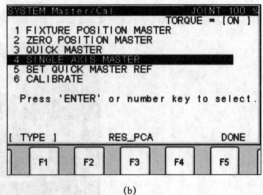

(a)　　　　　　　　　　　　　　　(b)

图7-9 选择零度点调整方式

（3）如图7-9（b）所示，选择单轴核对方式（4【SINGLE AXIS MASTER】）选项，按回车（【ENTER】）键确认，进入单轴核对方式（SINGLE AXIS MASTER）界面，单轴零点复归如图7-10所示。

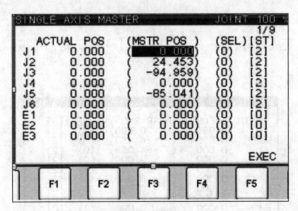

图7-10 单轴零点复归

（4）将报警轴（即需要零点复归的轴）的选择（【SEL】）选项改为1，这里举例为J1轴为报警轴，确认报警轴如图7-11所示。

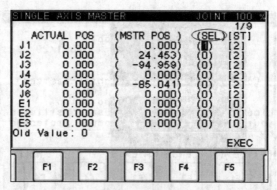

图7-11　确认报警轴

（5）使用工业机器人示教器，选定关节坐标方式移动工业机器人的报警轴，工业机器人轴应与机械刻度零度位置对齐，报警轴对齐刻度如图7-12所示。

图7-12　报警轴对齐刻度

（6）按执行（F5【EXEC】）键，则相应的选择（【SEL】）选项由1变成0，状态（【ST】）选项由0变成2；按前一页（【PREV】）键，退回零度点调整（Master/Cal）界面，如图7-13所示。

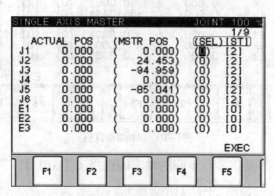

图7-13　校准参数（1）

（7）按前一页（【PREV】）键，退回零度点调整（Master/Cal）界面；选择校准（6【CALIBRATE】）选项，按回车（【ENTER】）键确认，如图7-14（a）所示；按是（F4【YES】）键确定，则已被零点复归的轴的对应项值为<0>；按完成（F5【DONE】）键，隐藏零度点调整（Master/Cal）界面，如图7-14（b）所示。

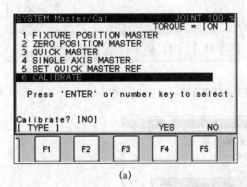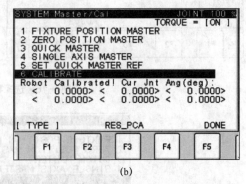

(a)   (b)

图7-14 校准参数（2）

7.2.3 快速核对方式

在工业机器人正常使用时（即无任何报警时），设置零点复归参考点数据，即设定快速核对方式参考点（Setting Mastering Data）。在工业机器人意外因电器或软件故障而丢失零点后，可以使用快速核对方式（Quick Mastering）恢复零点复归，主要步骤如下。

（1）依次按菜单（【MENU】）—下一页（0【NEXT】）—系统（6【SYSTEM】）键，系统菜单如图7-15所示。

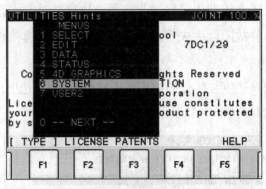

图7-15 系统菜单

（2）按回车（【ENTER】）键确认，如图7-16（a）所示，光标移动选择零度点调整（Master/Cal）界面，按回车（【ENTER】）确定，如图7-16（b）所示。

（3）如图7-16（b）所示，光标移动选择快速核对方式设定参考点（5【SET QUICK MASTER REF】）选项，按回车（【ENTER】）键确认，选择参考点方式如图7-17所示，按是（F4【YES】）键，确认设置快速核对方式（SET QUICK MASTER REF）。

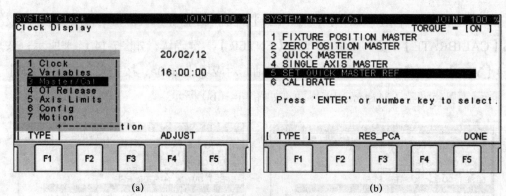

图7-16　选择零度点调整方式

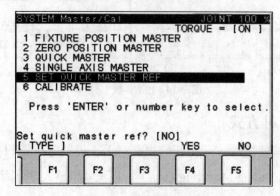

图7-17　选择参考点方式

注意：当工业机器人安装完后，先设定参考点，以备将来需要设置之用。设定零点复归参考点和快速核对零点复归操作之间不能做其他方式的零点复归操作。

正常情况下，如果工业机器人已经按步骤做过快速核对方式设定参考点，则当工业机器人意外因电器或软件故障而丢失零点后，就可以使用快速核对零点复归方式。主要步骤如下。

（1）光标移动选择快速核对方式（3【QUICK MASTER】）选项，按回车（【ENTER】）键确认，选择快速核对方式如图7-18所示。

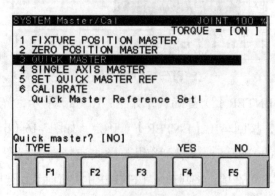

图7-18　选择快速核对方式

（2）按是（F4【YES】）键确认，按完成（F5【DONE】）键，隐藏零度点调整（Master/Cal）界面即可，快速核对方式完成如图7-19所示。

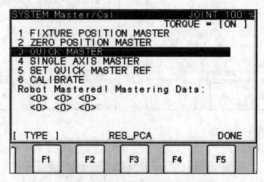

图7-19 快速核对方式完成

7.3 故障消除

7.3.1 消除SRVO-062报警

当工业机器人出现SRVO-062 SVAL2 BZAL alam(Group:iAxis:j)报警时，意味着串行脉冲编码器数据丢失。当工业机器人发生SRVO-062报警时，工业机器人完全不能动。主要消除步骤如下。

（1）依次按菜单（【MENU】）—下一页（0【NEXT】）—系统（6【SYSTEM】）键，系统菜单如图7-20所示。

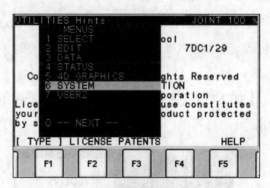

图7-20 系统菜单

（2）按回车（【ENTER】）键确认，如图7-21（a）所示，移动光标选择零度点调整（Master/Cal）选项，按回车（【ENTER】）确认，如图7-21（b）所示。

（3）在零度点调整（Master/Cal）界面内，如图7-21（b）所示，按脉冲置零（F3【RES_PCA】）键，消除串行脉冲编码器报警如图7-22所示，出现重置串行脉冲编码器报警（Reset pulse coder alarm?）选项。

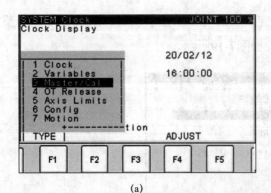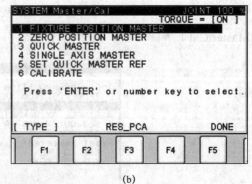

(a)   (b)

图7-21　选择零度点调整方式

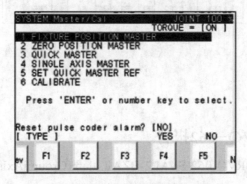

图7-22　消除串行脉冲编码器报警

（4）按是（F4【YES】）键确认，消除串行脉冲编码器报警，如图7-22所示，控制器随即关机、重启。

7.3.2　消除SRVO-038报警

当工业机器人出现SRVO-038 SVAL2 Pulse mismateh(Group:iAxis:j)报警时，意味着串行脉冲编码器数据不匹配。当工业机器人发生SRVO-038报警时，工业机器人完全不能动。主要消除步骤如下。

（1）依次按菜单（【MENU】）—下一页（0【NEXT】）—（系统6【SYSTEM】）键，系统菜单如图7-23所示。

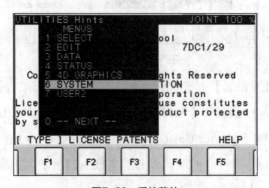

图7-23　系统菜单

（2）按回车（【ENTER】）键确认，如图7-24（a）所示，光标移动选择零度点调整（Master/Cal）选项，按回车（【ENTER】）键确认，如图7-24（b）所示。

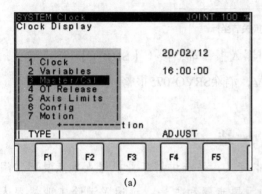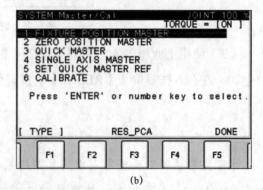

(a)　　　　　　　　　　　　　　　　(b)

图7-24 选择零度点调整方式

（3）在零度点调整（Master/Cal）界面内，如图7-21（b）所示，按脉冲置零（F3【RES_PCA】）键，选择参考点方式如图7-25所示，出现重置串行脉冲编码器报警（Reset pulse coder alarm?）选项。

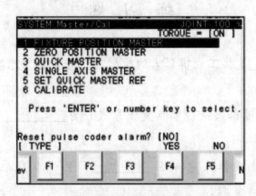

图7-25 选择参考点方式

（4）按是（F4【YES】）键，消除串行脉冲编码器报警。

7.3.3 消除SRVO-075报警

当工业机器人出现SRVO-075 WARN Pulse not established (Group:iAxis:j)报警时，意味着串行脉冲编码器无法计数。当工业机器人发生SRVO-075报警时，工业机器人只能在关节坐标系下单关节运动。主要消除步骤如下。

（1）当控制器开机时，出现SRVO-075报警，若屏幕上无此报警，依次按菜单（【MENU】）—异常履历（4【ALARM】）—履历（F3【HIST】）键，查看SRVO-075 WARN Pulse not established (Group:iAxis:j)报警信息，同时确认工业机器人报警轴。

（2）在工业机器人示教器上按坐标系（【COORD】）键，将坐标系切换至关节（JOINT）坐标，如图7-26所示。

图7-26 切换关节坐标

（3）使用工业机器人示教器点动工业机器人报警轴，按（【SHIFT】+运动键），移动20°左右，按复位（【RESET】）键复位，消除SRVO-075报警。

本 章 小 结

本章主要讲解工业机器人零点复归的基本定义，系统讲解工业机器人零点复归常用的零度点核对、单轴核对、快速核对方式的主要步骤和方法，讲述了消除工业机器人SRVO-062报警、SRVO-038报警、SRVO-075报警的方法，确保工业机器人本体满足生产现场编程需要。

练 习 题

一、填空题

（1）_____是将工业机器人的机械信息与位置信息同步，来定义工业机器人的物理位置。

（2）FANUC工业机器人执行零点复归方式分为_____、_____和_____三种。

（3）FANUC工业机器人意外因_____而丢失零点后，可以使用"Quick Mastering"方式恢复零点复归。

（4）FANUC工业机器人出现SRVO-062 SVAL2 BZAL alam(Group:iAxis:j)报警时，即为_____报警。

（5）FANUC工业机器人出现SRVO-075 WARN Pulse not established(Group:iAxis:j)报警时，即为_____报警。

二、简答题

（1）零点复归数据出厂时已经设置完毕，简述在发生哪些情况之时，FANUC工业机器人需要执行零点复归。

（2）FANUC工业机器人出现SRVO-038 SVAL2 Pulse mismateh(Group:iAxis:j)报警时，即为串行脉冲编码器数据不匹配，如何消除此报警？

APPENDICE

附录A
安全规范

A.1 注意事项

（1）工业机器人所有者、操作者及其他相关人员必须对自己的安全负责，操作工业机器人时必须使用安全设备，必须遵守工厂或工业机器人规定的相关安全条款。

（2）工业机器人程序设计、系统设计、调试和安装人员必须熟悉工业机器人编程方式和系统应用及安装方式的注意事项，确保工业机器人及操作者自身安全。

（3）工业机器人与其他设备有很大的不同，其最大不同点在于工业机器人自身可以以很高的速度在工作半径范围内回转，也可在客户设定好的第七轴（地轨）快速移动很远的距离。

A.2 工业机器人禁用场合

（1）燃烧的工作环境。

（2）存在易爆的工作环境。

（3）存在无线电干扰的工作环境。

（4）在不具备密闭条件下浸入水中或其他液体的工作环境。

（5）利用工业机器人运送人或动物。

（6）其他影响工业机器人及人安全的工作环境。

A.3 安全规程

1. 示教和手动工业机器人

（1）严禁操作人员戴手套操作工业机器人示教器和操作面板。

（2）点动操作工业机器人时，应采用较低的速度倍率，确保工业机器人的安全可控。

（3）在按下示教器上的点动键操作前，操作员应当充分考虑判断工业机器人的运动趋势。

（4）操作人员操作工业机器人时，预先考虑好工业机器人运动轨迹，并确认工业机器人在该线路运动时不受干涉。

（5）无特殊条件的情况下，必须保持工业机器人周围区域清洁，无油、水及杂质等。

2. 生产运行

（1）在开机运行前，操作者必须知道工业机器人所编程序将要执行的全部任务。

（2）在开机运行前，操作者必须确认所有会操作工业机器人移动的开关、传感器和控制信号的位置和状态。

（3）在开机运行前，操作者必须知道工业机器人控制柜和外围控制设备上的紧急停止按钮的位置，确保紧急情况下正确使用紧急停止按钮。

（4）在操作过程中，禁止以工业机器人没有移动判断其程序已经执行完成，工业机器人有可能接受输入信号后继续运动。

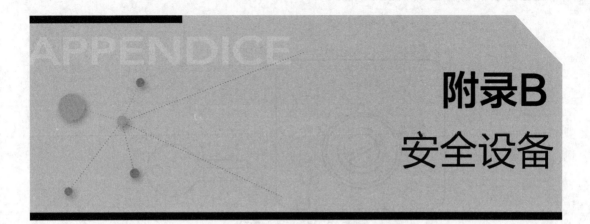

附录B

安全设备

B.1 紧急停止装置

（1）急停按钮。急停按钮也可以称为紧急停止按钮。工业机器人急停按钮一般设置在工业机器人系统的醒目位置，当发生紧急情况时，快速按下按钮，工业机器人立即停止运行，顺时针方向旋转急停按钮大约45°后松开，工业机器人恢复预备启动状态。控制柜急停按钮如图B-1所示。

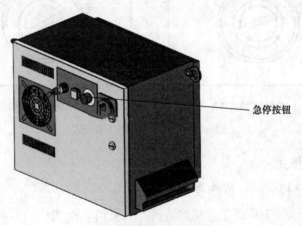

急停按钮

图B-1 控制柜急停按钮

（2）外部急停（输入信号）。当急停按钮被拍下，工业机器人立即停止运行。当安全栅栏、安全门等其他外围设备的急停输入信号输入后，工业机器人立即停止运行。信号接线端一般设在工业机器人控制柜内。

B.2 操作模式选择

操作模式选择开关安装在工业机器人控制柜上面，打开钥匙，通过开关选择操作模式。拔走钥匙，被选操作模式将被锁定。操作模式选择开关如图B-2所示。

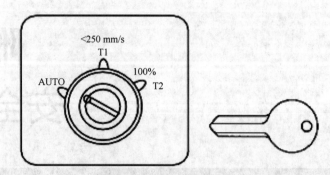

图B-2　操作模式选择开关

通过操作模式选择开关来转换操作模式时，工业机器人系统将停止运行，并将相应的信息显示在示教器的液晶显示屏上。

工业机器人操作模式开关一般设有两种或三种操作模式，如图B-3所示。

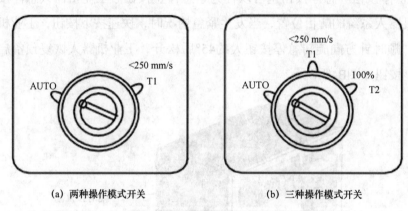

(a) 两种操作模式开关　　　　　　　　(b) 三种操作模式开关

图B-3　工业机器人模式开关样式

1. AUTO自动模式

当选择锁定自动模式时，操作者面板有效。操作者能够通过操作者面板的启动按钮或者外围设备的I/O信号来启动工业机器人程序，此时安全栅栏信号有效。工业机器人能以指定的最快速度运行。

2. T1调试模式

当选择锁定T1调试模式时，工业机器人的运行速度不能高于250 mm/s，若速度高于250 mm/s，则安全栅栏信号无效，工业机器人程序只能通过示教器来激活。

3. T2调试模式（可选）

当选择锁定T2调试模式时，工业机器人能以指定的最大速度运行，工业机器人程序只能通过示教器来激活，安全栅栏信号无效。

模式开关与程序动作的关系表见表B-1。

表 B-1　模式开关与程序动作的关系表

模式开关	安全栅栏	SFSPD	TP 有效/无效	TP Dead-man	工业机器人的状态	可以启动的设备	程序指定的动作速度
AUTO	开启	ON	有效	握紧	急停（栅栏开启）		
				松开	急停（DEADMAN、栅栏开启）		
			无效	握紧	急停（栅栏开启）		
				松开	急停（栅栏开启）		
	关闭	ON	有效	握紧	报警、停止（AUTO下TP无效）		
				松开	报警、停止（DEADMAN）		
			无效	握紧	可以动作	外部启动	程序速度
				松开	可以动作	外部启动	程序速度
T1	开启	ON	有效	握紧	可以动作	仅限 TP	T1 速度
				松开	急停（DEADMAN）		
			无效	握紧	急停（T1/T2 下 TP 无效）		
				松开	急停（T1/T2 下 TP 无效）		
	关闭	ON	有效	握紧	可以动作	仅限 TP	T1 速度
				松开	急停（DEADMAN）		
			无效	握紧	急停（T1/T2 下 TP 无效）		
				松开	急停（T1/T2 下 TP 无效）		
T2	开启	ON	有效	握紧	可以动作	仅限 TP	程序速度
				松开	急停（DEADMAN）		
			无效	握紧	急停（T1/T2 下 TP 无效）		
				松开	急停（T1/T2 下 TP 无效）		
	关闭	ON	有效	握紧	可以动作	仅限 TP	程序速度
				松开	急停（DEADMAN）		
			无效	握紧	急停（T1/T2 下 TP 无效）		
				松开	急停（T1/T2 下 TP 无效）		

B.3　DEADMAN开关

　　工业机器人DEADMAN 开关是安全操控开关，如图B-4所示。当示教器有效时，只有按住任意一个DEADMAN开关时工业机器人才可以运动。如果松开DEADMAN开关，工业机器人将立即停止运动，确保人身和工业机器人安全。

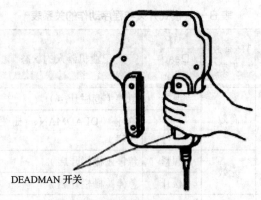

DEADMAN 开关

图B-4　示教器DEADMAN开关

B.4　安全装置

工业机器人安全装置主要包括安全栅栏（固定的防护装置）、安全门（带互锁装置）、安全插销和插槽及其他保护设备。安全装置必须符合相关安全标准，一般由系统商安装到工业机器人系统中。

1．安全栅栏

（1）安全栅栏必须能抵挡可预见的操作及周围冲击。

（2）安全栅栏自身不能是引起危险的根源，不能设有尖锐的边沿和凸出物。

（3）安全栅栏能够防止人员通过打开互锁设备以外的其他方式进入工业机器人的保护区域（即非安全区域）。

（4）安全栅栏必须安装固定，只能借助工具等其他外力才能使其移动。

（5）安全栅栏既要起到安全防护作用，又不能妨碍查看生产过程。

（6）安全栅栏安装位置与工业机器人最大运动范围有足够安全距离。

（7）安全栅栏要接地，防止发生意外的触电事故。

2．安全门、安全插销和插槽

（1）安全门正常关闭时，工业机器人才能自动运行。

（2）安全门关闭不能重新启动工业机器人自动运行，必须通过控制位重新启动工业机器人动作。

（3）安全门利用安全插销和插槽来实现互锁。

（4）为安全考虑，安全插销和安全插槽必须选择合适的物品。

（5）安全门必须带保护闸的防护装置，在工业机器人运行时打开安全门，就能发送一个停止或急停命令（互锁的防护装置）。

（6）用来防止危险的互锁装置不能成为产生新的危险的来源。

3. 其他保护设备

（1）其他保护设备设计在工业机器人控制系统中，当操作者在工业机器人可触及范围之内时不能启动。

（2）保护设备只能通过专用工具、钥匙等来进行调整。

（3）保护设备中的部件出现缺陷或错误时，系统会阻止启动或者停止工业机器人。

（4）设有用于安全目的的传感设备，保证安全传感设备未开启前，禁止人员进入危险区域；在危险状况未解除前，人员不可以进入限制区域。

（5）工业机器人系统启动后，任何外部状况都不能影响安全传感设备运行。

（6）在安全传感设备启动后，确定不会出现危险的情况下，才可以重启系统。

（7）排除因传感区域引起工业机器人系统中断故障时，工业机器人不能重新开始自动运行。

4. 进入安全栅栏操作步骤

一般情况下，只允许一位编程人员或者一位维护人员进入到安全栅栏内。一般人员禁止随意进入到安全栅栏内。

（1）工业机器人自动运行（AUTO模式）。可以通过以下方式停止工业机器人。

① 按下操作面板或者示教器上的急停按钮。

② 按下HOLD按键。

③ 使用使能开关使示教器有效。

④ 打开安全门（拔下安全插销）。

⑤ 使用操作模式钥匙开关来改变模式。

（2）改变操作模式从AUTO至T1或者T2。

（3）拿走操作模式选择开关上钥匙锁定模式。

（4）从槽2中拔出插销2。打开安全栅栏的门，将插销2插入槽4。

（5）从槽1拔出插销1。

（6）进入到安全栅栏内，将插销1插入槽3。

特别注意：操作模式钥匙开关的钥匙和安全插销1必须带入到安全栅栏内，安全插销1必须插入到栅栏内的槽3。

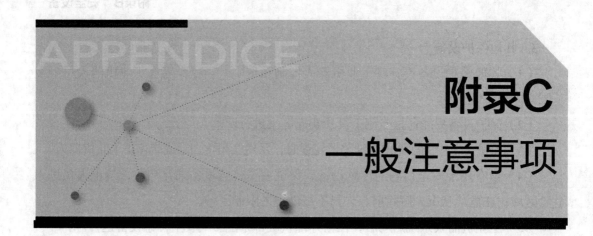

附录C
一般注意事项

本附录内容主要讲述安装操作、编程调试及维修保养等安全注意事项要求，确保每一个与工业机器人系统相关的操作都有其相应的保护措施，特别是对使用示教器或者使能设备以外的人员。

C.1 安装操作

1. 安装

在安装工业机器人系统以后首次使用工业机器人操作时，工业机器人系统应当以低速进行，然后逐渐地加快速度，并确认工业机器人各元器件运行是否有异常。

2. 操作

在使用工业机器人操作时，务必在确认安全栅栏内没有人员后再进行操作。同时，检查是否存在潜在的危险，当确认存在潜在危险时，务必排除危险之后再进行操作。在使用操作面板和示教器时，由于戴上手套操作有可能出现操作上的失误，因此务必在摘下手套后再进行作业。程序和系统变量等的信息可以保存到存储卡等存储介质中。为预防因意想不到的事故而引起数据丢失的情形，建议用户定期保存数据。

3. 试运行和功能测试

当工业机器人安装或重新摆放后，在测试工业机器人或工业机器人系统过程中，按照以下步骤进行。

（1）指定限制区域。当试运行和功能测试前没有适当保护措施时，必须在工业机器人运行前指定临时限制区域。

（2）人员限制。在试运行和功能测试过程中，只有当安全设施起作用后，人员才被允许进入到安全保护区域内。

（3）安全和操作确认。在工业机器人初始启动时，必须包括（但不限于）以下步骤。

① 通电前确认。工业机器人已经安装并且固定好，线路连接正确无误，电源（如电压、频率、干涉水平）在指定范围内，其他设备连接正确，并在指定范围内，外部设备连接正确，确定限制区域的极限装置（如果有用）已安装好，设置安全保护措施，物理环境符合指定要求（如光、噪声级别、温度、湿度、大气污染物）。

② 通电后确认。开始、停止和模式选择（包括钥匙锁定开关）等控制设备功能正常，各轴移动以及极限正常，紧急停止电路及设备起作用，可以断开与外部电源的连接，示教和启动设备功能正确，安全装置和互锁功能正常，其他安全设施安装到位（如禁止、警告装置），减速时，工业机器人操作正常且能搬运产品或工件，在自动（正常）操作时，工业机器人操作正常且能够在额定速度和额定负载下执行指定的任务。

4. 工业机器人系统重新启动步骤

硬件、软件或者任务程序修改过、维修或维护之后重新启动工业机器人系统的步骤必须包括（但不限于）以下条件。

（1）上电前检查硬件的所有改动。

（2）对工业机器人系统进行功能测试。

C.2　编程调试

1. 编程

无论何种情况，编程时必须确保所有人员在保护区域外，如果编程时人员必须进入到保护区域内，须按以下的安全步骤操作。

（1）编程前。编程人员必须就实际系统中所使用到的工业机器人接受过培训，并且要熟悉推荐的编程步骤，其中包括所有的安全保护措施。

① 编程人员必须检查工业机器人系统和安全区域，确保不存在安全隐患。

② 当有编程要求时，必须先测试示教器确保能正常操作。

③ 进入安全区域前，必须消除任何报警和错误。

④ 在进入保护区域前，编程人员必须确保所有必需的安全设施已安装到位且处于运行中。

⑤ 在进入保护区域前，编程人员必须将模式开关从AUTO改为T1（或T2）。

（2）编程中。只允许编程人员在保护区域内，并且必须满足以下条件。

① 在保护区域内，工业机器人系统必须由编程者唯一控制（当选择T1或T2模式

时，工业机器人的运动只可以通过示教器来控制）。

②工业机器人示教器控制正常。

③工业机器人系统必须不响应任何远程命令或者会引起危险情况的条件。

④在保护区域内会引起危险的其他设备的运动必须被锁止或者由编程者唯一控制；如果是由编程者控制，需要编程者慎重操作，并且所有操作和工业机器人运动互不干涉。

⑤工业机器人系统的所有紧急停止装置必须有效。

（3）返回自动运行。编程者在开始自动运行前必须要将被暂停的安全设施恢复至初始有效状态。

2. 程序确认

当查看工业机器人系统对任务程序的反应时，所有人应该在保护区域外。当必须进入保护区域确认程序时，必须满足以下条件。

（1）程序确认必须在低速时开始。

（2）当必须在全速状态下检查运动时，通过模式选择开关（T2模式）改变低速状态，操作必须是由编程者本人来完成的。

（3）使能装置或者有同等安全作用的装置必须由在保护区域内的人员来控制。

3. 保存程序数据

（1）除非特定要求，工业机器人任务程序的任何修改记录都要被保存。

（2）程序数据可以通过文件输入/输出设备（如**Memory Card**、**Floppy Disk**等）保存。存储程序数据的设备在不用时，必须放在合适的受保护的环境中。

4. 自动运行

只有满足以下情况下时，工业机器人才被允许自动运行。

（1）安全设施安装到位且处于运行中。

（2）没有人员在保护区域内。

（3）按照合适的安全工作步骤进行。

C.3　维修保养

1. 故障处理

故障处理必须在安全保护域外进行。当条件达不到时，工业机器人系统设计考虑在保护区域内进行故障处理，必须满足以下条件。

（1）负责故障处理的人员是相关专家或者接受过专业培训。

（2）进入保护区域的人员必须使用示教器（DEADMAN开关）控制工业机器人运动。

（3）工业机器人系统必须设有用于检查和维护的程序，确保工业机器人系统连续的安全操作。检查和维护的程序由工业机器人设计和工业机器人系统制造者提供。

2. 维护

（1）维护及维修工业机器人或工业机器人系统的人员必须接受专业技术培训，确保安全地执行维修维护任务。

（2）维护及维修工业机器人或工业机器人系统的人员穿戴安全措施保护，防止出现危险。

（3）若条件允许，在断开工业机器人和系统电源的状态下进行作业，在通电状态下进行时存在触电危险。特别应该注意，根据需要上好锁，确保其他人员不能接通电源。迫不得已需要接通电源后才能进行作业的，尽量先按下急停按钮再进行作业。

（4）更换部件时，务必事先阅读维修说明书，在理解操作步骤的基础上再进行作业。若以错误的步骤进行作业，会导致意想不到的事故，致使工业机器人损坏或作业人员受伤。

（5）在进入安全栅栏内部时，要仔细查看整个系统，确认没有危险后再入内。如果在存在危险的情形下不得不进入栅栏，则必须把握系统的状态，同时要十分小心谨慎入内。

进入保护区域进行维护，必须满足下列条件。

（1）停止工业机器人系统。

（2）关闭电源，锁定主要的断路器，防止在维护过程中错误地通电。

如果必须在通电源情况下进入保护区域，则必须在进入保护区域前完成以下操作。

（1）检查工业机器人系统，确认是否有可能造成故障的情况存在。

（2）检查示教器是否工作正常。

如果任何危险或者故障被发现，则在进入保护区域前，排除故障或危险并完成再次测试。

（1）进入保护区域严格按照进入栅栏安全顺序进行。

（2）维护工作结束后，检查安全系统是否有效。如果它们被维护工作中断，则恢复它们至初始有效状态。

（3）更换的部件务必使用指定部件。若使用指定部件以外的部件，则有可能导致工业机器人的错误操作和破损。特别是保险丝，切勿使用指定以外的保险丝，以避免引起火灾。

（4）拆卸电机和制动器时，应采取以起重机来吊运等措施后再拆除，以避免机臂等掉落下来。

进行维修作业时，因迫不得已而需要移动工业机器人时，应注意以下事项。

（1）务必确保逃生退路通畅，在熟悉整个系统的操作情况后再进行作业，避免工业机器人和外围设备堵塞逃生退路。

（2）时刻注意周围是否存在危险，做好准备，以便在需要的时候可以随时按下急停按钮。

（3）在进行作业的过程中，不要将脚搭放在工业机器人的某一部分上，也不要爬到工业机器人上面。

（4）在进行气动系统的维修时，务必释放供应气压，将管道内的压力降低到0以后再进行维修。

（5）更换部件时，应注意避免灰尘进入工业机器人内部。

3．其他注意事项

抱闸可以防止工业机器人的轴在电源切断或急停时移动，部分工业机器人某些轴没有设置抱闸，在以下情况下会因惯性而移动。

（1）切断工业机器人的电源。

（2）通过急停来停止工业机器人。

为保证工业机器人系统安全，维修安全按照规定定期维护、清理系统的每一个部件，查看是否有损坏或裂缝。

日常检查项目如下（但不限于这些）。

（1）输入电源电压。

（2）空气压力。

（3）连接电缆的损坏情况。

（4）连接器的松动情况。

（5）润滑油。

（6）急停功能。

（7）示教器上的**DEADMAN**开关功能。

（8）安全门互锁。

（9）工业机器人移动产生的振动、噪声。

（10）外部设备的功能。

（11）工业机器人和外部设备上的固定物。

在操作工业机器人系统前后，清理系统的每个部件，注意检查以下内容。

（1）操作前。检查连接到示教器的电缆线是否扭曲，检查控制柜和外部设备是否正常，检查安全功能。

（2）操作后。操作结束时，恢复工业机器人到合适的位置，然后关闭控制柜；清理各部件，检查是否有损坏和裂缝；如果控制柜的通风口和风扇发动机积满灰尘，则擦去灰尘。

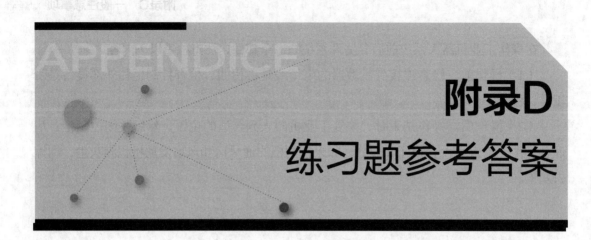

附录D
练习题参考答案

第1章　工业机器人

一、填空题

（1）工业机器人是一种可以仿人操作、自动控制、可重复编程并能在三维空间完成各种作业的机电一体化生产设备，一般由<u>机械本体</u>、<u>驱动系统</u>和<u>控制系统</u>三个基本部分组成。

（2）工业机器人示教器是一个人机交互手持装置，通过示教器可进行工业机器人的<u>手动操纵</u>、<u>程序编写</u>、<u>参数配置</u>以及监控等各项工作。

（3）当工业机器人处于暂停（HOLD）状态时，工业机器人示教器液晶屏幕上<u>暂停（HOLD）</u>指示灯会亮起。

（4）工业机器人接通电源前，检查确认无异常后，将控制柜面板上的断路器置于<u>ON</u>挡。

（5）通过示教器或操作面板上的<u>暂停</u>或<u>急停</u>按钮停止工业机器人运动。

二、简答题

（1）简述工业机器人示教器功能。

（提示）示教器可以实现移动工业机器人、编写工业机器人程序、试运行程序、生产运行、查看工业机器人状态（I/O设置，位置信息等及手动运行等功能）。

（2）简述如何点动工业机器人。

（提示）当需要点动工业机器人时，模式开关（MODE SWITCH）置为"T1/T2"挡，ON/OFF开关置为"ON"挡，按住DEADMAN（任意）开关，选择好所需要的示教坐标，按RESET按钮复位报警，按住SHIFT（任意）键，同时按住所要进行的运动键，即可点动工业机器人。

三、实践题

在实验室中进行工业机器人通电、关电操作，并点动工业机器人操作。

本题内容略。

第2章　坐标系设置

一、填空题

（1）**工业机器人坐标系**是为确定工业机器人的位置和姿态而在工业机器人或空间上进行定义的位置指标系统。

（2）工业机器人坐标系分为**关节坐标系**和**直角坐标系**。

（3）工业机器人直角坐标系包括**基座坐标系**、**世界坐标系**、**工具坐标系**、**用户坐标系**和**工件坐标系**，所有直角坐标系均满足**右手定则**。

（4）**工具坐标系**是用来定义工具中心点（TCP）的位置和工具姿态的坐标系。

（5）分别列出图2-49中1～5所代表的工业机器人坐标系：**1世界坐标系**、**2基座坐标系**、**3工具坐标系**、**4工件坐标系**、**5用户坐标系**。

二、简答题

工业机器人应用过程中，建立工具坐标系主要有什么作用？

（提示）工业机器人系统对其位置的描述和控制是以工业机器人的工具中心点（TCP）为基准的，运用工业机器人机器臂末端所装工具建立工具坐标系，可将工业机器人的控制点转移到工具末端，方便手动操纵和编程调试。

三、实践题

用三点法设置工具坐标系，并激活、检验所设工具坐标系。

（提示）参考本书2.2节。

第3章　程　序

一、填空题

（1）程序名称最好以能够表现其**目的**和**功能**的方式命名。例如，对一种工件进行点焊的程序，可以将程序名取为**"SPOT_1"**。

（2）执行程序时，示教器屏幕将显示程序的执行状态为**RUNNING（执行）**。

（3）一定要将**消除故障**，按下复位（【RESET】）键才会真正消除报警。

（4）**SYSTEM**报警通常发生在与系统相关的重大问题时。

二、思考题

（1）工业机器人程序命名时要注意什么？

（提示）不可以用空格作为程序名的开始字符、不可以用符号作为程序名的开始字符、不可以用数字作为程序名的开始字符。

（2）工业机器人示教器启动程序包括哪三种方式？

（提示）顺序单步执行、顺序连续执行、逆序单步执行，具体参见本书3.3节。

第4章 指　　令

一、填空题

（1）动作指令指的是以指定的<u>移动速度</u>和<u>移动方式</u>使工业机器人向作业空间内的指定目标位置移动的指令。

（2）<u>关节动作</u>是指工具在两个目标点之间任意运动，不进行轨迹控制和姿势控制。

（3）当圆弧动作指令被更改为关节或直线动作指令时，原动作语句会被分解成<u>两个关节</u>或<u>直线</u>动作语句，圆弧的经由点以及目标点的<u>位置数据</u>被保留。

（4）执行程序时，需要使当前的有效<u>工具坐标系编号</u>和<u>用户坐标系编号</u>与P[ ]点所记录的坐标信息一致。

（5）动作参数替换中，<u>"Replace speed"（修正速度）</u>将速度值替换为其他值；<u>"Replace term"（修正位置）</u>将定位类型替换为其他类型。

二、简答题

（1）控制指令包括哪些？

（提示）控制指令包括寄存器指令（Registers）、I/O指令（I/O）、条件比较指令（IF）、条件选择指令（SELECT）、等待指令（WAIT）、跳转/标签指令（<u>JMP/LBL</u>）、调用指令（CALL）、循环指令（FOR/ENDFOR）、偏移指令（OFFSET）、工具坐标系调用指令（UTOOL_NUM）、用户坐标系调用指令（UFRAME_NUM）和其他指令。

（2）如何在程序中加入寄存器指令？

（提示）具体参见本书4.3节。

三、实践题

从工业机器人当前任意位置开始走边长为80 mm的正方形轨迹。

本题内容略。

第5章 通 信 信 号

一、填空题

（1）<u>信号配置</u>是建立工业机器人的软件端口与通信设备间的关系。

（2）基准点是一个<u>基准位置</u>，工业机器人在这一位置时通常远离工件和周边的机器。

（3）<u>宏指令</u>是若干程序指令集合在一起作为一个指令来记录，而调用并执行该指令的功能。

（4）RSR的程序命名要求程序名必须为<u>7</u>位。

二、简答题

（1）执行宏指令有哪几种方式？

（提示）具体参见本书5.5节。

（2）FANUC工业机器人自动启动程序的条件是什么？

（提示）具体参见本书5.6节。

第6章　文件备份和加载

一、填空题

（1）备份系统文件具有<u>唯一</u>性，只能将备份文件加载到原来的工业机器人中去，否则会造成系统故障。

（2）FANUC工业机器人R-30iB控制器的备份/加载方式为<u>USB</u>方式。

（3）FANUC工业机器人控制柜文件备份及加载主要使用的文件类有<u>*.TP</u>、<u>*.DF</u>、<u>*.SV</u>、<u>*.I/O</u>和<u>*.VR</u>。

（4）FANUC工业机器人控制柜文件备份及加载使用的I/O配置文件类型为<u>*.I/O</u>，用来保存I/O配置。

（5）FANUC工业机器人控制柜文件备份及加载使用的数据文件类型为<u>*.VR</u>，用来保存诸如寄存器数据。

二、简述题

（1）简述工业机器人系统文件备份主要步骤。

（提示）具体参见本书6.2节。

（2）简述工业机器人系统文件加载主要步骤。

（提示）具体参见本书6.3节。

第7章　零点复归

一、填空题

（1）<u>零点复归</u>是将工业机器人的机械信息与位置信息同步，来定义工业机器人的物理位置。

（2）FANUC工业机器人执行零点复归方式分为<u>零度点核对方式</u>、<u>单轴核对方式</u>和<u>快速核对方式</u>三种。

（3）FANUC工业机器人意外因<u>电气或软件故障</u>而丢失零点后，可以使用"Quick Mastering"方式恢复零点复归。

（4）FANUC工业机器人出现SRVO-062 SVAL2 BZAL alam(Group:iAxis:j)报警时，即为<u>串行脉冲编码器数据丢失</u>报警。

（5）FANUC工业机器人出现SRVO-075 WARN Pulse not established (Group:iAxis:j)报警时，即为<u>串行脉冲编码器无法计数</u>报警。

二、简答题

（1）零点复归数据出厂时已经设置完毕，简述在发生哪些情况之时，FANUC工业机器人需要执行零点复归。

（提示）具体参见本书7.1节。

（2）FANUC工业机器人出现SRVO-038 SVAL2 Pulse mismateh(Group:iAxis:j)报警时，即为串行脉冲编码器数据不匹配，如何消除此报警？

（提示）具体参见本书7.3节。

参考文献

[1] 李瑞峰. 工业机器人技术[M]. 北京：清华大学出版社，2019.

[2] 左立浩. 工业机器人虚拟仿真教程[M]. 北京：机械工业出版社，2018.

[3] 徐忠想. 工业机器人应用技术入门[M]. 北京：机械工业出版社，2017.

[4] 耿春波. 图解工业机器人控制与PLC通信[M]. 北京：机械工业出版社，2020.

[5] 兰虎. 工业机器人技术及应用[M]. 北京：机械工业出版社，2014.

[6] 汪振中. 工业机器人认知[M]. 北京：中国铁道出版社，2019.

[7] 张明文. 工业机器人离线编程[M]. 武汉：华中科技大学出版社，2017.

[8] 蒋庆斌，陈小艳. 工业机器人现场编程[M]. 北京：机械工业出版社，2014.

[9] 汪励，陈小艳. 工业机器人工作站系统集成[M]. 北京：机械工业出版社，2014.

[10] 董春利. 工业机器人应用技术[M]. 北京：机械工业出版社，2014.

[11] 吴振彪. 工业机器人[M]. 武汉：华中理工大学出版社，1997.

[12] 徐元昌，工业机器人[M]. 北京：中国轻工业出版社，1999.

[13] 张明文. 工业机器人技术基础及应用[M]. 哈尔滨：哈尔滨工业大学出版社，2017.

[14] 张焱. FANUC工业机器人基础操作与编程[M]. 北京：电子工业出版社，2019.